新国风AI绘画
奇域AI社区创作指南

单钰淞　著

中国纺织出版社有限公司

图书在版编目（CIP）数据

新国风 AI 绘画 ：奇域 AI 社区创作指南 / 单钰淞著 .
北京 ： 中国纺织出版社有限公司，2025. 1. -- ISBN
978-7-5229-1984-3

Ⅰ. TP391.413-62

中国国家版本馆 CIP 数据核字第 2024HT9005 号

责任编辑：石鑫鑫　　责任校对：李泽巾　　责任印制：王艳丽

中国纺织出版社有限公司出版发行
地址：北京市朝阳区百子湾东里A407号楼　邮政编码：100124
销售电话：010—67004422　传真：010—87155801
http://www.c-textilep.com
中国纺织出版社天猫旗舰店
官方微博 http://weibo.com/2119887771
天津千鹤文化传播有限公司印刷　各地新华书店经销
2025年1月第1版第1次印刷
开本：710×1000　1/16　印张：9.25
字数：145千字　定价：78.00 元

前 言
PREFACE

在传统与现代的交汇处，有一种独特的艺术形式正在蓬勃发展——"新国风艺术"。新国风，顾名思义，是一种在尊重并继承中国传统文化基础上，融合现代艺术理念与技术的创新艺术形式。它不仅是对中国传统艺术的一种现代诠释，更是一种文化与时代精神的融合。在这本《新国风AI绘画：奇域AI社区创作指南》中，我们将一起探索这一迷人艺术形态的无限可能。

新国风艺术的魅力在于其深厚的文化底蕴和生动的时代感。通过对中国古典美学的重新解读，结合现代设计理念，它给予了传统元素全新的生命力。而AI绘画技术的加入，则为这种艺术创作提供了前所未有的可能性。AI不仅能模仿传统绘画技巧，还能在创作者的指导下创造出超越传统界限的作品。

本书旨在引导读者深入了解新国风艺术的独特魅力，并学习如何运用AI技术进行创作。我们将探索如何将中国传统文化元素与现代艺术风格结合，在AI的帮助下创作出独具特色的艺术作品。无论是艺术创作的新手，还是寻求新灵感的资深艺术家，本书都将为您提供宝贵的知识和灵感，帮助您丰富创意，碰撞出更具个人特色的佳作。

在这个过程中，我们鼓励每一位读者尊重并发掘自己的创意。新国风艺术不仅是对传统的传承，更是个性表达的舞台。每一笔、每一色，都承载着创作者对传统与现代的理解和对话。通过本书，我们希望您能找到自己独特的艺术声音，在新国风的广阔天地中自由翱翔。

不管是业余爱好者还是资深艺术家，让我们一起踏上这场探索新国风艺术之美的旅程吧！

著者

目 录
CONTENTS

第5章

高级技巧：细节处理与创意表达

第6章

主题多样性的探索与表达

CHAPTER 1

第 1 章
奇域 AI 绘画简介

⬤ 什么是AI绘画

AI绘画即指人工智能绘画,它通过对已有的图像进行存储、学习、加工、分析,按照用户的指令直接生成作品。这样的画作是基于大量数据的存储、重新推算、重新整合,从而实现的人工智能艺术创作。

近两年,ChatGPT日益强大的功能令人生畏,AI作画越来越逼真。人工智能在越来越多的领域持续"发力",人们对艺术行业的认知也日益被颠覆着。AI绘画几乎涵盖所有的画种,并且可以模仿各类画家的风格,比如凡·高、毕加索、达·芬奇、齐白石、张大千等,还可以帮助用户提取不同艺术作品中的不同元素,包括色彩、构图、笔法、风格等,经分析之后进行修改、调整,辅助用户进行不同风格的艺术表达。

AI绘画使美术创作变得更加方便和快捷,AI可以给创作者提供更多的思路和灵感,也可以作为画家创作的一种辅助工具,但并不意味着想要得到优美的AI绘画作品就可以抛弃美术基本功。专业的绘画工作者只有掌握深厚的美术基本功和绘画技巧,配合AI绘画的先进技术才能创作出更好的绘画作品。AI软件是对已经存在的艺术形式和作品进行处理运算,但过度依赖AI绘画技术将导致画家失去寻求突破的精神。因此,画家在使用AI绘画进行艺术创作时,需要独立思考、不断探索新的创作方式和艺术表达形式才能提升作品的艺术性。从艺术的创新角度看,人工智能创作的作品是艺术与科技的结合,它和传统绘画相比在方法与形式方面有巨大的创新性和独特性(图1-1)。

图1-1 人工智能创作的作品

总体而言，AI绘画作为一种创新的艺术形式，不仅丰富了绘画艺术的表现手法，也为艺术创作提供了新的可能性（图1-2）。它通过技术的力量拓宽了艺术的边界，推动了文化艺术创新进步，也为文化艺术带来了更加广泛和深远的价值。我国已经把人工智能纳入国家发展战略层面，这既是一场技术革命，又是一个前所未有的机会。作为新兴产业，随着技术的不断升级进步，相信未来的AI绘画技术会更加完善。

图1-2 AI绘画技法表现

⬛ 什么是奇域AI

奇域AI作为我国首个中式审美的AI绘画社区，其独到之处首先体现在对视觉方向的深度挖掘。与其他AI绘画软件相比，奇域AI不仅提供了一系列的绘画工具和绘图功能，更重要的是它深入探索了中国传统艺术的视觉语言，将这种独有的视觉表现形式与现代科技相结合。用户在奇域AI中创作的每一幅作品都能够体现出中国文化的美学特征。例如，传统水墨画独具特色的流动性、木版年画的祥和喜庆，以及传统刺绣这种纺织艺术的细腻肌理。在专注于中国文化的基础上，奇域AI实现了传统艺术形式与现代视觉表达的完美融合。艺术家和设计师可以在这个平台上自由地探索和实验，将古典艺术与当代设计理念结合，创造出既有深厚文化底蕴又符合现代审美的作品（图1-3）。

9

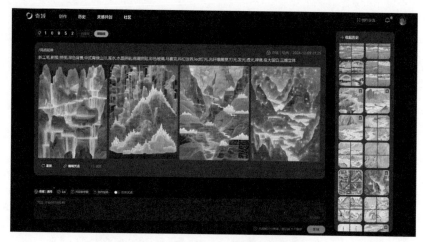

图1-3 奇域 AI 平台上的探索和实验

在文化方向上，奇域 AI 的创新之处更是显著。它不仅是一个 AI 绘画平台，更是一个文化传播和交流的社区。不同于其他 AI 绘画软件的是，奇域 AI 在设计之初就将中国传统文化的传承和推广作为其核心使命。这使奇域 AI 成为一个连接中国传统文化与全球用户的桥梁。通过视觉和文化的双重创新，奇域 AI 已经不仅可以作为艺术家的创作工具，更是中国文化爱好者的学习天地。平台不仅提供丰富的艺术资源，还包含了艺术家风格的解析，帮助用户深入了解每种艺术风格的源流和发展。这种结合艺术创作与文化教育的模式，既满足了专业艺术家的需求，也为广大艺术爱好者提供了学习和欣赏中国文化艺术的机会。

专注于东方美学和中式审美，奇域 AI 不仅肩负着复兴和传承传统艺术的新时代艺术发展使命，更是在为全新的艺术形式提供优质平台和灵感。用户们可以在奇域 AI 中自由地探索与实验，将传统的艺术形式与现代科技、全球化的视角结合起来，创造出前所未有的艺术作品。这种创新不仅促进艺术风格和表现手法的多样性发展，更加推动了科学技术、艺术创作和传统文化的新对话和融合，打破了传统与现代、东方与西方艺术之间的界限。奇域 AI 的这种创新实践，为中国文化的现代表达和国际交流开辟了新的路径。

🄬 奇域 AI 的应用领域

奇域 AI 作为专注于东方美学和中式审美的 AI 绘画平台，其应用领域广泛而深入。用户可在此尝试多种国风绘画风格，如岩彩板绘、层次版画、浪漫古风、炫彩光影、刺绣、新工笔等近百个中式技法。在文化传承和商业应用两个方面都发挥着极大的价值。

1.文化传承

奇域AI在文化传承方面的应用广泛。将几十种中式绘画技法数字化，不仅使传统艺术形式能够跨越时间和空间的界限，为更多人所了解和学习，还让这些传统技法得以在当代社会中焕发新生。用户可以通过奇域AI学习和欣赏岩彩板绘、层次版画、水墨等传统技法，也可以探索刺绣、新工笔等更加细腻的表现方式，这不仅促进了个人艺术技能的提升，也为中国传统文化的传承注入了新的活力（图1-4）。利用奇域AI便捷、迅速的技术手段，能够生成生动的传统文化艺术作品，创作出既具有传统韵味又符合当代审美的艺术作品。可以将AI绘画投入文化教学、文化研学、艺术临摹等实践活动当中，这种手段有效地促进了中国传统艺术技法的传播和青年一代艺术家的培养。

图1-4　AI为传统文化注入新活力

2.商业应用

在商业应用方面，奇域AI展现了极大的潜力和多样性。对于设计师和品牌而言，奇域AI提供的中式绘画技法和元素,是创造具有东方美学特征的商业作品的宝贵资源。无论是在品牌形象设计、产品包装,还是广告创意展示上,通过奇域AI生成的艺术作品都能够帮助品牌传达独特的文化魅力和审美价值。

在品牌价值方面,奇域AI中丰富的国风风格可以作为商业用途的主要视觉元素,结合品牌理念,创作既有传统韵味又不失现代感的包装和广告宣传材料。独具特色的新中式设计不仅可以增强品牌的市场竞争力,也可以让消费者在品牌体验中感受到中国传统文化的魅力。在广告创意方面,可以利用奇域AI创作集合传统与现代审美的、既有古典美感又不失时尚感的视觉作品。奇域AI以其独特的艺术风格和视觉冲击力,在开拓创新和表现形式方面有着巨大的潜力,是商业应用领域的"得力助手"。

㊃ 奇域AI注册与社区入门

奇域AI作为一个专注于东方美学和中式审美的AI绘画平台,其独特的社区环境和友好的用户界面使注册和入门变得轻松而直观。以下是奇域AI注册与社区入门的一个详细指南,帮助用户快速开始新的创作旅程。

1.访问官网

通过浏览器访问奇域AI的官方网站,现有网页端和手机端两种入口。

2.创建账户

完成账户验证,通常是通过注册手机号进行验证(图1-5),输入验证码进入页面。

3.个性化设置

注册完成后,用户可以进入个人资料页面进行更详细的个性化设置,包括上传头像、设置昵称等,这有助于提升社区内的交流互动体验(图1-6)。

图1-5　奇域AI登录/注册页面

图1-6　个性化资料编辑页面

4. 奇域 AI 社区界面

进入奇域 AI 社区后，页面的频道板块（图 1-7）是用户探索不同艺术作品、学习多样化风格词和绘画技巧的核心区域。

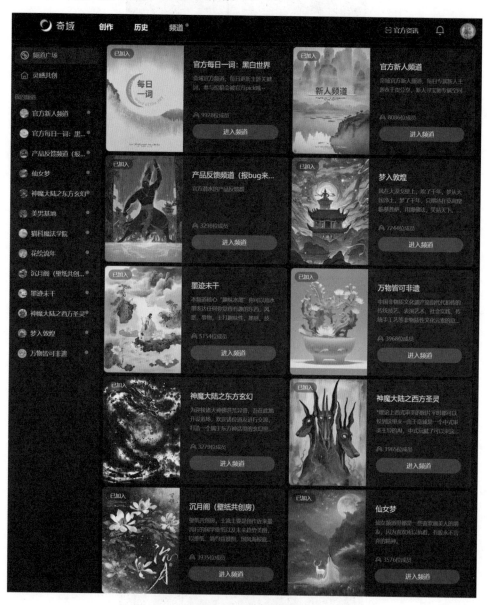

图 1-7　频道界面

5. 频道广场

频道广场是一个展示和探索的公共空间，用户可以在这里浏览到各种风格和主题的艺术作品（图1-8）。它像是社区的展览厅，汇聚了来自社区内不同艺术家的精彩创作，涵盖了从传统到现代、从简约到复杂的各种中式审美风格。

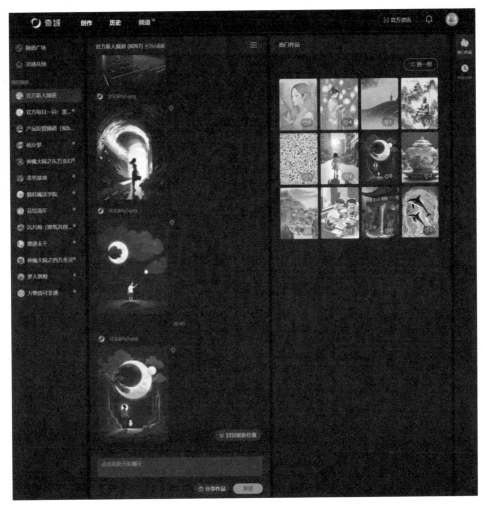

图1-8　频道广场界面

6.作品展示

　　用户可以在频道广场中欣赏到各种风格的艺术作品，这些作品可能包括数字绘画、拼贴、手工艺术转化的数字作品等。除了欣赏作品，用户也可以将"我的作品"选择分享到频道广场（图1-9）。

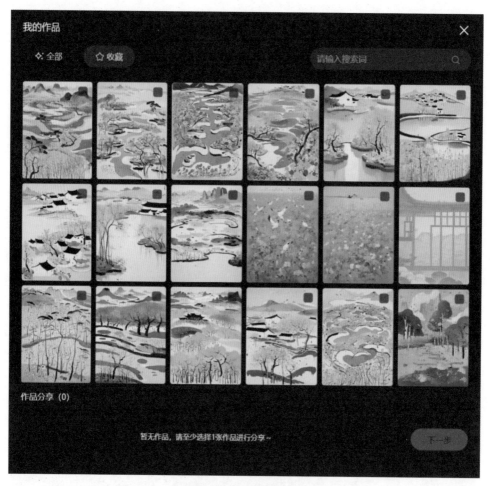

图1-9　作品展示界面

7.灵感共创

　　灵感共创区域则更加注重用户之间的互动和协作。这里不仅是分享和讨论创意的场所，也是用户可以共同参与创作项目、挑战和活动的平台（图1-10）。

图 1-10　灵感共创界面

8. 创意互动

　　用户可以在灵感共创区发起或参与各种创意挑战、主题创作活动等，这些活动旨在鼓励用户之间的协作与灵感交流。

CHAPTER 2

第 2 章
奇域 AI 绘画初探：
工具与环境

⚊ 操作板块

　　奇域AI绘画平台的界面设计着重于用户体验，旨在使艺术创作和探索过程尽可能直观和高效。在奇域AI绘图平台上，由三大核心板块：创作、历史、频道，共同构成了用户体验的基础，每个板块都有其独特的功能和作用，旨在满足用户在艺术创作和社区互动方面的不同需求。以下是对这三大板块的详细介绍，可以帮助新用户快速熟悉环境，并有效利用平台的强大功能。

1.创作板块

　　创作板块是奇域AI平台的核心区域（图2-1），提供了一系列强大的绘画和编辑工具，允许用户从零开始创作，或上传参考图并修改现有的艺术作品。这里是用户将创意变为现实的地方。

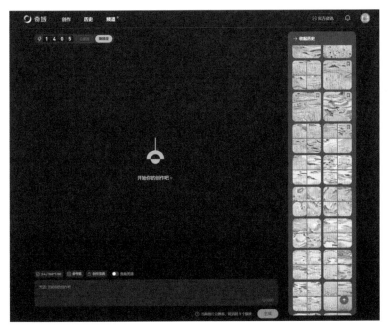

图2-1　创作板块界面

　　（1）图片尺寸及分辨率设置：在奇域AI绘图平台的创作页面中，提供了"图片尺寸（比例选择、分辨率选择）"的选项，允许用户根据自己的需求和作品的最终用途来定制图片的尺寸和分辨率，从而使作品在不同的展示平台和媒介上都能达到最佳效果。

　　在图片比例选择时，用户可以根据具体需要选择预设的图片比例（如 3∶4、4∶3、3∶2、2∶3、16∶9、9∶16、1∶1），以适用于不同的展示场景，如社交媒体封面、视频缩略图、打印画布等（图 2-2）。

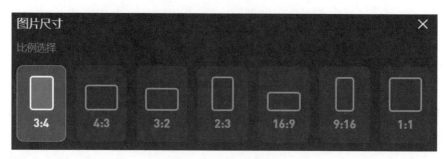

图2-2　图片比例选择

　　奇域 AI 为用户提供了两个分辨率选项，确保图片的高质量输出和作品的清晰度及细节表现（图 2-3）。对于需要打印或在高清显示设备上展示的作品，选择较高的分辨率可以确保作品质量。

图2-3　分辨率

　　在图片尺寸及分辨率设置时，奇域 AI 考虑到不同的艺术主题和风格需要不同的画幅比例来更好地展示，提供不同比例以便用户根据作品的内容和构图需求灵活选择最合适的画幅，从而优化视觉效果。同时，高分辨率虽然能提供更精细的图像质量，但也会增加文件的大小，奇域 AI 允许用户根据自己的设备性能和作品需求，灵活选择最合适的分辨率。通过此项功能，奇域 AI 绘图平台为用户提供了高度的灵活性和无微不至的体验感，使每一位用户都能根据自己的具体需求，创作出既满足艺术表达又适合最终展示需求的作品。

　　（2）参考图：在奇域 AI 绘画平台的创作页面中，"添加参考图"是一个对创作者极为有用的功能，类似于其他 AI 绘图软件中的垫图功能（图 2-4）。这一功能允许用户导入一张或多张参考图片到创作环境中，作为绘画或设计的风格来源和视觉参考，从而辅助创作过程。具体步骤如下：

图2-4 添加参考图界面

①导入参考图：通过简单的点击或拖动图片上传参考图，将本地存储的图片文件导入创作页面作为参考图。

②调整和管理：导入后用户可以自由调整参考图的位置和大小，也可以对其进行一些基本的编辑操作，以便更好地融入创作过程。

参考图一方面可以为AI绘画提供构图参考，构图决定了作品的视觉平衡和美感，确保画面的视觉重心和视觉流动符合艺术表达的需要；另一方面，可以更容易地生成特定的画面形式和风格，为色彩搭配、光影处理、细节表现等方面提供视觉样本，对于追求高度还原或风格化表达的艺术创作来说尤为重要。在这一过程中，参考图不仅是模仿的对象，更是激发创新思维的源泉。添加参考图极大地丰富了奇域AI绘画平台的功能性与实用性，为用户提供了一个更加直观和灵活的创作环境，无论是对于专业艺术家还是爱好者，都是一个十分实用的辅助工具（图2-5）。

图2-5 参考图上传界面

（3）创作宝典：奇域 AI 中的"创作宝典"提供了一个独特而丰富的艺术风格资源库，这个资源库不仅分类详细，涵盖了从传统到现代、从东方到西方的各种艺术风格，还特别引入了"应用咒语"功能，让用户能够通过简单的指令生成具有特定风格的画面效果。

①风格词的细分和应用：每个风格词下都有细分的子类目，这些子类目更具体地描述了该风格的特点和应用场景，使创作者能够根据自己的具体需求选择最合适的风格。例如，在"水墨风格"下，会细分为"传统山水""现代水墨"等，每种细分风格都会附有相应的画面示例和简短描述，帮助用户直观理解该风格的艺术特征。

②咒语功能："咒语"是奇域 AI 平台中的一项创新功能，用户可以通过输入特定的咒语（即指令/关键词/风格词），快速生成具有特定风格特征的艺术作品。这个功能基于 AI 技术的深度学习能力，能够理解用户的风格需求，并应用于图像生成过程中，从而实现快速创作。

例如，如果用户想要创作一幅具有"传统山水"风格的画面，只需在咒语输入框中输入相关指令，奇域 AI 就能自动生成相应风格的艺术作品。用户还可以根据需要对生成的作品进行进一步的编辑和微调，以满足个性化的创作需求。

③画面效果和艺术风格：创作宝典中的每个风格词旁都配有该风格的 4 个画面示例（图 2-6），这些示例作品展示了该风格的典型特征和艺术效果，让用户在选择风格前就能直观地感知到最终作品可能的视觉效果。这种直观展示极大地方便了用户的风格选择，也提升了创作的效率。

图 2-6　创作宝典中的画面示例

创作宝典是一个非常宝贵的资源，尤其是其中的独家风格库，它为创作者提供了一个广泛而深入的风格词类目，从而能够满足不同风格的需求和创作愿望。这个风格库不仅包括了传统的艺术风格，如水墨风格、工笔风格、油画风格等，还涵盖了一些现代创新风格，如插画风格、国漫系列，或是特色非遗风格，如刺绣、皮影戏、剪纸等。

水墨风格涵盖传统水墨画的各种表现技巧，如意境水墨、各个中国画大师表现手法等。工笔风格是细致入微的传统绘画技巧，适用于追求高度详细和精细表现的作品。油画风格中从古典到现代的油画技法都有所涵盖，适合喜欢厚重色彩和质感表现的艺术家。

插画风格包括蜡笔彩墨、星汉灿烂、暗黑魔幻等多种插画风格，适合图书、杂志等多种用途。

人物系列专注于人物描绘的风格，包括人像海报、水墨人像、武侠漫画等，满足不同人物画创作的需求。

国漫系列结合了中国元素和现代漫画风格，包括二维与三维的形式，适合创作具有中国特色的现代漫画作品。

非遗系列涵盖了中国非物质文化遗产的艺术表现形式，如蜡染、京剧脸谱、帛画等，为保护和传承非遗文化提供了新的视角和方式。

水彩风格包含多种水彩表现技巧和风格，适用于轻盈透明、色彩鲜明的创作需求。

④ 风格上新和推荐风格：奇域 AI 增设了"风格上新"和"推荐风格"功能，不断更新风格库，展示最新加入的风格词，为用户不断推荐新的灵感和创作方向（图 2-7）。这些风格词类目的细分，不仅为用户提供了丰富的选择，也体现了奇域 AI 平台在艺术风格和技术应用上的深度和广度。通过这个独家风格库，创作者可以轻松探索和实践不同的艺术表现形式，无论是复兴传统艺术还是探索现代创新风格，都能在奇域 AI 找到相应的支持和灵感。

通过这样详尽的风格词类目和创新的咒语功能，奇域 AI 的创作宝典成为用户探索不同艺术风格、寻找创作灵感和快速实现艺术构思的宝贵资源。无论是专业的艺术家还是艺术爱好者，都能在这里找到满足自己风格需求的工具和灵感，进一步拓展自己的艺术创作边界。

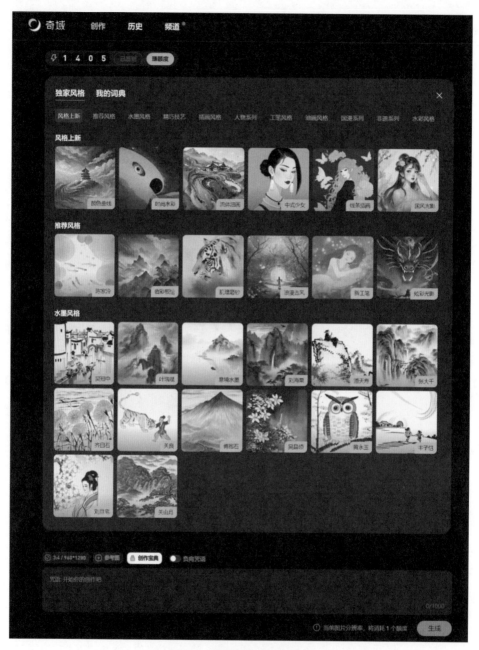

图2-7　风格上新和推荐风格

⑤负向咒语：根据需求添加负向咒语，输入画面中不想要的元素，如错误的元素、重复的元素、多余的元素等（图2-8）。例如，画面中出现三条龙是多余的，就在负向咒语中输入多余的龙，即可将龙元素去掉。

图2-8 负向咒语界面

2.历史板块

平台中的历史板块记录了用户在奇域AI上的所有创作活动，包括已完成的作品和正在进行的项目。用户可以在这里查看、管理自己的艺术作品历史记录，并轻松回顾自己的创作轨迹，如重新打开和编辑之前的作品，或继续完成未完成的项目并分享或存储。这一功能为作品的展示和应用提供了便利，使艺术创作变得更加灵活和连贯。

（1）全部：历史板块中的"全部"分类显示了用户在平台上的所有创作活动记录，包括已完成和正在进行的项目。这里不仅列出了用户自己的所有作品，也会标记出用户收藏和下载过的作品，以便于用户全面查看自己在平台上的艺术创作和活动轨迹（图2-9）。

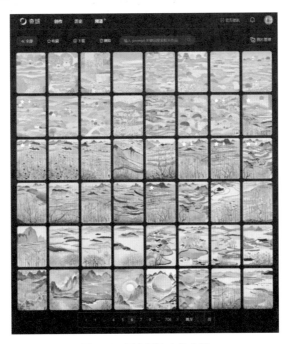

图2-9 历史板块中的全部

（2）收藏：用户可以将喜欢的作品收藏在这一分类中（图2-10）。这不仅方便用户回顾自己喜欢的作品，也能够帮助用户搜集灵感和参考。在"收藏"分类中，下载过的作品旁会显示特定的下载图标，便于用户识别。

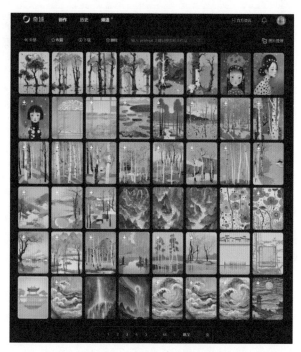

图2-10　历史板块中的收藏

（3）下载：这一分类包含了用户下载到本地的作品列表（图2-11）。对于想要离线查看或用于其他用途的作品，下载功能非常实用。同样，在"下载"分类视图中，收藏过的作品也会有相应的图标显示。

图2-11　历史板块中的下载

（4）删除：用户可以在这一分类中找到已删除的作品，并恢复误删的作品（图2-12）。

图2-12　历史板块中的删除

（5）搜索功能：用户可以通过输入特定的关键词来搜索相关的作品。这项功能在"全部""收藏""下载"和"删除"中均可使用，尤其对于那些具有特定创作主题或风格需求的用户非常有用，例如，输入"吴冠中"，就可以快速地找到与输入关键词相关的作品，便于将同一类作品快速整合（图2-13）。

图2-13　历史板块中的搜索功能

（6）图片管理：图片管理功能提供了灵活的操作选项，包括"取消收藏""下载"和"删除"等操作，旨在使用户能够更加便捷地管理自己的艺术作品和收藏（图2-14）。通过支持多选和单选操作，平台进一步提高了用户在管理大量图片时的效率和便利性。首先，取消收藏允许用户对之前收藏的作品进行管理。如果用户对某些收藏的作品不再感兴趣，可以选择单个或多个作品进行取消收藏的操作，从而保持收藏夹的相关性和整洁度。其次，下载功能中，用户可以选择单个或多个作品进行下载，将喜欢的作品保存到本地设备中。这项功能对于想要在不同设备上查看作品，或将作品用于其他个人用途的用户尤其有用。最后，删除功能支持单个或多个作品的选择，使清理不需要的作品变得简单快捷。

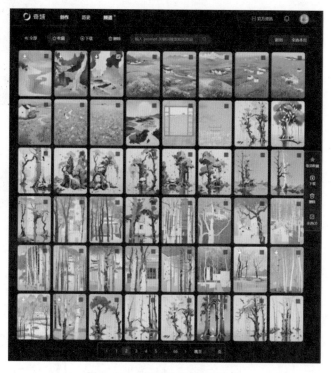

图2-14　历史板块中的图片管理

3.频道板块

（1）频道广场：频道广场是用户探索不同艺术作品、学习多样化风格词和绘画技巧的核心区域。用户可以在这里浏览各种艺术作品，参与社区讨论和活动。频道内的内容丰富多样，涵盖了不同风格、技术和主题的艺术创作（图2-15）。用户在这里展示个人作品的同时，也可以与其他用户之间进行经验交流、灵感分享。通过评论、参与讨论，甚至与其他艺术家合作共创促进艺术的交流与对话。

除了作品展示和社区互动，频道板块还定期举办各种主题活动和挑战，提供教程和学习资源，帮助用户不断学习新技能，获得灵感，提升自己的艺术创作能力。分享作品时，可以插入用户的全部咒语（默认全部选中咒语），也可自己选择，单机取消选择不想插入的咒语（风格词不可取消选择），在下方对话框中，可以输入自己的创作想法和灵感来源。分享完成会自动发布在这个频道的聊天室内。

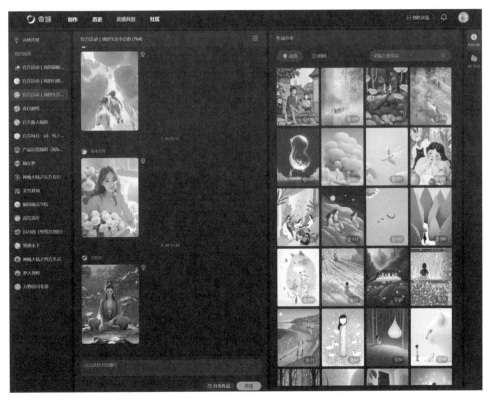

图2-15 频道板块中的频道广场

步骤如下：

①加入频道（图2-16）。

②进入频道（图2-17）。

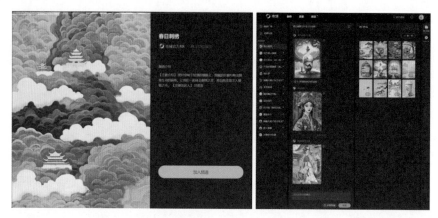

图2-16　加入频道　　　　　　　　　　图2-17　进入频道

③点亮作品（图2-18）。

④解锁关键咒语（图2-19）。

图2-18　点亮作品　　　　　　　　　　图2-19　解锁关键咒语

⑤分享作品（图2-20）。

图2-20　分享作品

⑥完成分享（图2-21）。

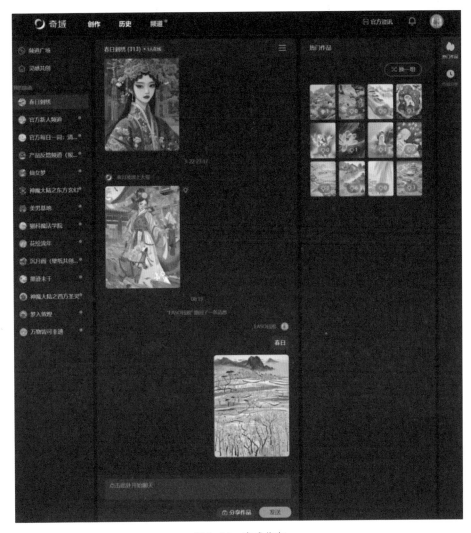

图2-21　完成分享

（2）灵感共创：灵感共创区域则更加注重用户之间的互动和协作（图2-22）。这里不仅是分享和讨论创意的场所，也是用户可以共同参与创作项目、挑战和活动的平台。用户可以在灵感共创区发起或参与各种创意挑战、主题创作活动等，这些活动旨在鼓励用户之间的协作与灵感交流。除了共同创作，用户还可以在这里分享自己的绘画技巧、创作过程和艺术心得，帮助其他成员学习和成长。在灵感共创中，用户的作品也可以得到社区内其他成员的直接反馈和建议，对于提高创作技能和作品质量非常有帮助。

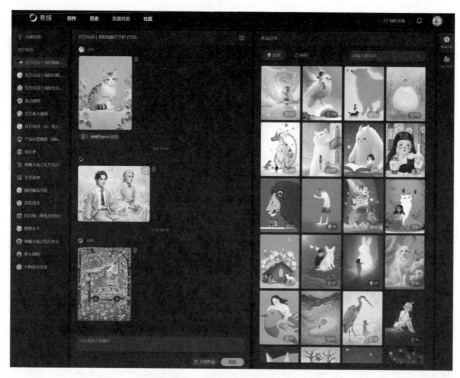

图2-22　频道板块中的灵感共创

通过创作宝典、历史、频道这三大板块的紧密配合，奇域AI平台为用户提供了一个全面的艺术创作和社区互动环境，无论是专业的艺术家还是艺术爱好者，都能在这里找到属于自己的创作空间和社区归属。

🎨 绘画工具

奇域AI中的绘画工具包括风格延伸、高清重绘、局部消除等高级AI功能，以及传统的绘图工具如笔刷、颜色选取器、图层控制等（图2-23）。用户可以利用这些工具在画布上自由发挥，实现个性化创作。平台还提供了丰富的教程和指导，帮助用户更深入地掌握各种工具和技巧。

图2-23　绘画工具界面

1. 风格延伸

风格延伸工具用于将自己的作品以现有的风格词形式进行重绘。用户可以在现有风格词的基础上继续做延伸，或增加风格词做进一步延伸，因此，在风格延伸工具的帮助下，用户可以选择多个特定的艺术风格，应用到自己的作品中，实现风格的转换或升华。如果想出系列感的作品，可以使用风格延伸进行出图（图2-24）。

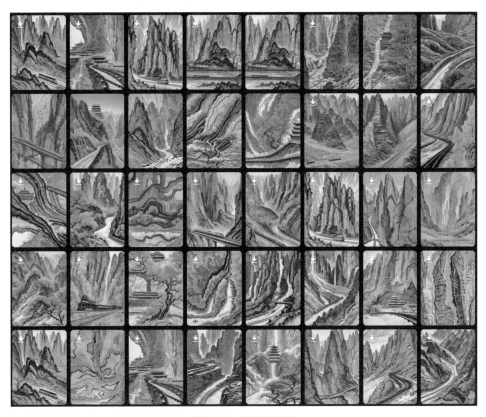

图2-24 系列感作品

例如，想要完成一幅吴冠中油画的风格作品时，使用风格词"吴冠中油画，视觉冲击力，荧光，物体发光，黄色，绿色，蓝水，湖泊，大景观，白色的山，构成感，拼贴"，得到了一张吴冠中油画风格的画（图2-25）。

第一次得到的作品通常虽然符合风格词的描述，但是与内心期待的结果不符，缺少留白和中式意境美，画面太满，此时就可以使用风格延伸工具重绘画面。直接在工具栏中点击"风格延伸"，仍使用现有风格词，并加入想改进的画面效果和形

图2-25 吴冠中油画风格的画

式，改进后的咒语为"吴冠中油画，空灵的极简主义，视觉冲击力，荧光，物体发光，大面积留白，黄色，绿色，蓝水，湖泊，大景观，白色的山，构成感，拼贴"，便会出现一张更贴合内心想法的作品（图2-26）。该工具可以重复使用，直到画面符合心理预期。这个功能极大地拓展了艺术创作的边界，使用户能够探索和实验不同的视觉效果，从而创作出独具特色的艺术作品。

图2-26 使用风格延伸重绘画面

做出满意的作品后，如果想在这张作品的基础上做出系列感，也可以使用风格延伸进行扩充（图2-27）。

图2-27 使用风格延伸进行扩充

2.作品微调

作品微调功能允许用户在不对画面进行大的调整的情况下，继续深入细化和完善画面。这包括调整画面元素的位置、形状、色彩、亮度、对比度等，或是对细节进行进一步的雕琢。可用于对满意的作品深入精细化和处理（图2-28），确保最终作品能够尽可能地接近用户的创作意图。

图2-28 作品微调前（左）后（右）对比

3.局部消除

　　局部消除功能类似于传统绘图软件中的橡皮擦工具，它允许用户擦去画面中多余或不想要的部分。例如，画面中的点缀元素过多，那就可以用局部消除中的画笔涂抹在不想要的地方，画笔可调整大小（1~100），画笔涂抹后进行预览，点击生成，若不满意可以复原（图2-29~图2-32）。这一功能在修改图像的某些部分、纠正错误或是简化画面时特别有帮助。与传统的橡皮擦工具不同，奇域AI的局部消除功能更加智能，能够在保留画面整体风格和质感的同时，准确地移除特定元素。

图2-29　局部消除前

图2-30　局部消除界面

图2-31　画笔涂抹

图2-32　局部消除预览

4. 高清重绘

高清重绘功能能够将作品进一步深入高清化，得到画面高质量版本的作品（图 2-33）。在此工具的帮助下，原作中模糊不清的细节部分可以被精细重构，如线条的清晰度、色彩的层次感、纹理的丰富性等，都将得到显著提升，最终得到画面高质量版本的作品。对于需要进行打印或大幅展示的艺术作品来说，这个功能尤为重要，它确保了作品在不同尺寸和媒介上的视觉效果都能达到最佳状态（图 2-34）。

图 2-33　高清重绘界面

图 2-34　高清重绘局部前（左）后（右）对比

通过掌握奇域 AI 平台提供的这些功能，用户能够更加自由和深入地进行艺术创作。无论是想要探索新的风格、对作品进行精细调整、修改不满意的部分，还是提升作品的整体质量，奇域 AI 都为用户提供了强大的支持。

🢒 奇域 AI 创作演示流程

1. 确定创作主题和风格

（1）主题选择：确定创作的主题，包括灵感来源和选择标准，如时尚的龙年主题。

（2）创作灵感：根据特定主题和创作需求寻找创作灵感，如龙鳞与波点相似，那画面可以结合波普艺术，使其年轻时尚化。

（3）风格选择：根据主题选择相应的艺术风格，例如波点风格＋水墨风格＋岩彩板绘等多种肌理质感。

2. 准备创作素材

收集与创作主题相关的图片、文本或任何可以作为灵感来源的素材。以中国龙主题为例，龙年的喜庆、时尚、年轻化、波点等都是创作素材。

3. 进入奇域 AI

（1）访问平台：通过浏览器访问奇域 AI 官网或微信小程序，登录账户。

（2）熟悉界面：熟悉奇域 AI 的用户界面，包括工具栏、功能菜单和设置选项。

4. 输入创作指令（咒语）

（1）编写咒语和负向咒语：根据确定的主题和风格，结合整理的关键词，编写描述性强、具体明确的创作咒语，负向咒语不是必填，可根据画面和元素的具体需求填写（图 2-35）。

图2-35　编写咒语和负向咒语

（2）设置参数：调整相关的创作参数，如分辨率、图片尺寸等，以适应作品的需求。

5. 生成和预览

（1）生成作品：提交创作咒语后，等待奇域AI处理并生成初步作品。

（2）预览效果：查看生成的作品，进行初步评估，确定是否满足预期（图2-36）。

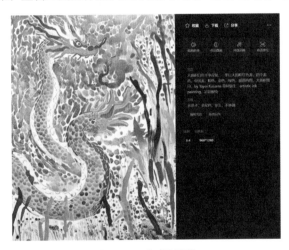

图2-36　生成和预览

6. 调整与优化

（1）细节调整：如果作品需要改进，可以对咒语进行修改优化，添加想加入的元素或更改已有元素。

（2）多次迭代：重复生成和调整，直到作品达到满意的效果。

例如以下作品大基调准确，但龙的身体和构图未满足预期，需要进行风格延伸，风格延伸后的龙符合预期画面，但龙的头部处理不够完美，可以进行作品微调（可尝试进行多次微调），直到生成最满意的效果（图2-37）。

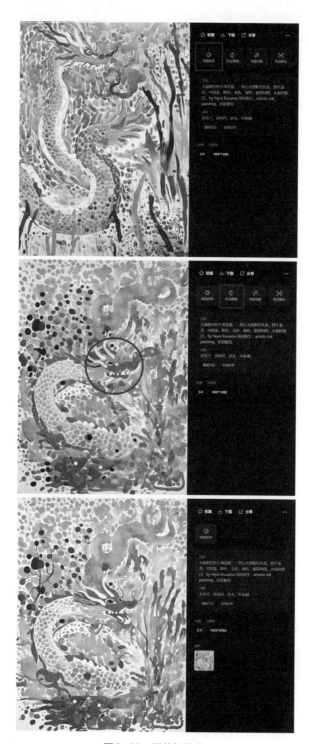

图 2-37　调整与优化

7. 导出与二次加工

奇域AI可选择高清重绘，导出高质量作品，导出作品支持多种格式。高清重绘后，下载最优画质的作品，可以看到画面中的龙爪有错误，但除龙爪外的其余部分是完美的，那就不需要再作品微调了，以免调整到画面其余部位，错误的龙爪可在其他绘图软件中二次创作，以达到最终效果（图2-38）。

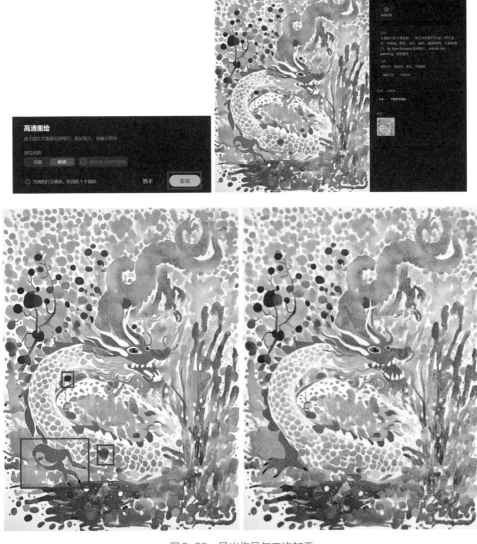

图2-38 导出作品与二次加工

8.应用

将完成的作品应用到实际场景中，如打印挂画、数字展示、社交媒体分享等（图2-39）。

图2-39　作品应用于电子杂志

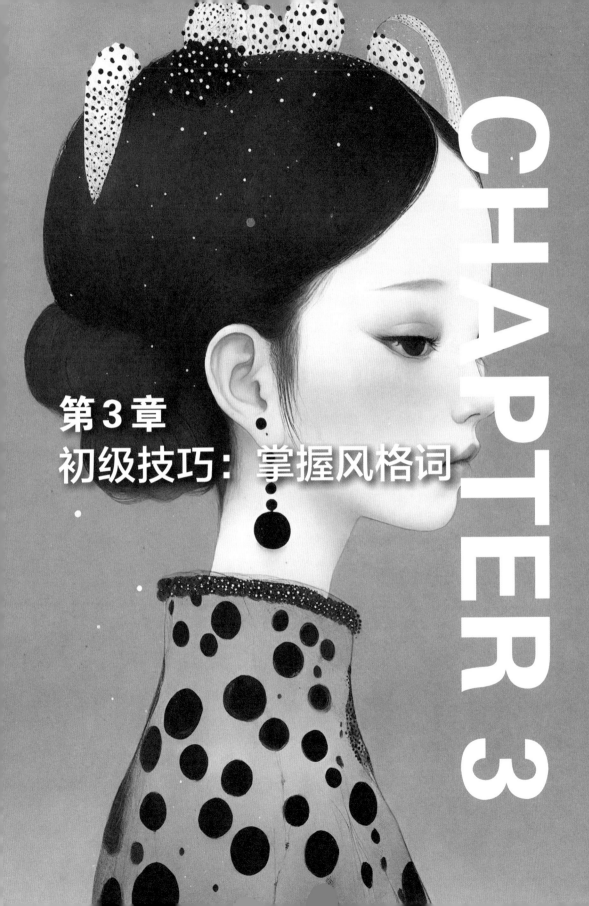

第 3 章
初级技巧：掌握风格词

在奇域 AI 的世界中，风格词不仅是通往无限创意可能性的钥匙，更是塑造独特艺术视界的基石。本章为初步踏入这一创作领域的用户铺设一条明晰的道路，引导他们探索、理解，并精通风格词的妙用。从风格词的使用规范，到风格词效果的直观展示，再到高阶的风格词搭配技巧，全面覆盖了风格词的各个方面。启发用户将风格词这一强大工具融入自己的艺术创作中，释放出前所未有的创作潜能。

艺术的本质在于表达和探索，而奇域 AI 通过提供丰富的风格词库，为用户开启了一扇探索传统与现代、东方与西方艺术风格的大门。掌握风格词，意味着能够在无限的创意海洋中自由航行，通过特定的风格词引导，创作者能够实现自己的艺术构想，甚至达到突破个人技术限制的效果。本章节分为三个核心部分，全面提升用户对风格词的认识和应用能力。

（1）风格词使用规范：想要掌握风格词要先掌握风格词的基本定义和使用原则。这一部分将帮助用户理解如何正确选择和使用风格词，以确保艺术作品能够准确反映出想要的风格效果。

（2）风格词效果展示：通过一系列的案例分析，本部分将直观展示不同风格词所能达到的艺术效果。这不仅能帮助用户更好地理解每种风格的特点，也能激发用户的灵感，拓宽创作思路。

（3）风格词搭配技巧：在掌握了风格词的基础应用后，将进一步探讨如何创造性地搭配和组合风格词，以实现更为复杂和独特的视觉效果。后文将分享一些高级技巧和创意方法，助力用户将个人创作提升到新的高度。

通过对风格词的深入学习和实践用户将能够更加自由和自信地在奇域 AI 平台上实现自己的艺术愿景，创作出真正具有个性和创新性的作品。

● 一 风格词使用规范

在奇域 AI 中，风格词不仅是连接创意与作品的桥梁，也是塑造作品独特艺术风格的关键。为了充分发挥风格词的潜力，制定一套明确的使用规范至关重要。以下是风格词使用的基本规范，以帮助创作者更有效地利用这一强大工具。

1.理解风格词含义

每个风格词都代表了一种特定的艺术风格、技法或表现手法。在使用风格词之前，深入了解其背后的艺术历史和视觉特征是必要的。这不仅能帮助你选择最适合表达创作意图的风格词，还能避免因误解风格词含义而导致的不符合预期的创作结果。

一方面，在选用风格词前，要研究每个风格的历史背景、视觉特征及其代表作品，有助于深入理解风格的内涵，从而做出更准确的风格选择（图3-1）。另一方面，在描述创作意图时，尽可能使用具体的风格描述词。例如，想要得到具有明快色彩和简化形式的作品，选择"极简主义"可能比单纯的"现代"风格更加精确（图3-2、图3-3）。

图3-1 准确的风格选择

色彩插画，色块插画，点彩，一只巨大的可爱的老虎，细碎螺钿拼接，配闪粉，闪光粉色粒子，荧光色，粉色，黑色，金色点缀，肌理磨砂，新工笔，暗黑魔幻

图3-2　现代风格作品

　　色块插画，夕阳下，翻腾凶猛的海浪，一个小女孩孤独地站在沙滩上，背影，大面积留白，完美构图，现代，忧郁蓝色调，简笔插画，肌理磨砂

图3-3　极简主义风格作品

　　色块插画，夕阳下，翻腾凶猛的海浪，一个小女孩孤独地站在沙滩上，背影，大面积留白，完美构图，极简主义，忧郁蓝色调，简笔插画，肌理磨砂

2. 使用风格词的正确格式

　　为了确保平台能正确解读指令，使用标准化的风格词格式非常重要，包括正确的拼写、符合语义的组合等。在输入风格词时，遵循平台提供的指南和建议，避免输入错误或格式不当，确保奇域AI能准确理解创作者的创作需求。

　　咒语逻辑：画面风格＋主体描述＋构图/颜色＋风格词（每个词组用逗号隔开），可根据个人习惯调整顺序。

🔳 风格词搭配技巧

　　掌握风格词搭配技巧是提升艺术作品创意与深度的关键。在奇域AI中，通过巧妙地组合不同的风格词，创作者能够探索出独一无二的艺术表达。这不仅要求对各种风格有深入的理解和敏感的洞察，还需要勇于实验，不断尝试新的组合，以发现那些能够激发作品新层次的风格词匹配。正确的搭配可以加深作品的视觉冲击力，赋予其更丰富的情感与内涵。

1.确定主导风格

在开始搭配风格词之前，首先要确定一个主导风格，这将为整个作品设定基调。主导风格应与创作的主题和意图紧密相关，它将决定作品的主要视觉特征和氛围。例如，作品旨在表达柔和、宁静的情感，那么"陈家泠"可能是一个合适的主导风格选择（图3-4）。

图3-4 以"陈家泠"为主导风格

陈家泠，极简主义，构成主义，拼贴画，中式山水，鎏金，贴金，中国传统装饰图案，精致的细节，令人惊叹的细节，大面积留白，金色的幻想，中式园林，诗意的渲染，细腻，电影化，古典，光影看起来很神奇，纹理丰富的画布，詹姆斯·特瑞尔

2. 添加辅助风格

确定主导风格后，可以考虑添加一个或多个辅助风格来丰富作品的层次和细节。在选择辅助风格时，重要的是保证它们能够与主导风格协调，而不是相互冲突。主导风格词一定要加在辅助风格词之前，辅助风格的选择应基于对作品整体风格和效果的补充。例如，主导风格为"陈家泠"的作品，可以通过添加"刺绣"的细节来增强其艺术效果。在只替换主辅风格词顺序后，这件作品表现出了"刺绣+陈家泠"效果优于"陈家泠+刺绣"（图3-5）。

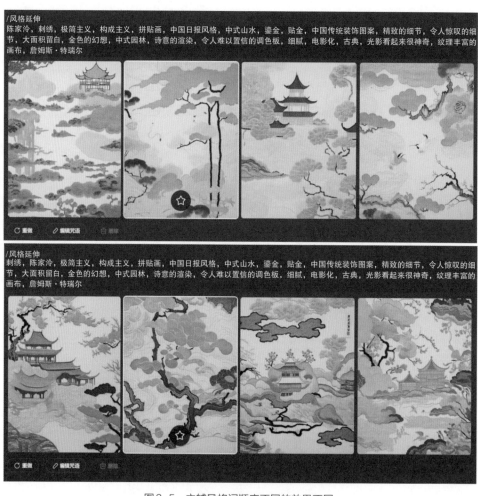

图3-5　主辅风格词顺序不同的效果不同

3.平衡风格特征

在搭配多个风格词时，平衡它们之间的特征非常关键。这意味着在创作过程中需要细致调整每个风格词的影响力，确保没有一个辅助风格词过于突出而压倒你想要的风格。平衡的关键在于实验和调整风格词的先后顺序，通过不断试验风格词的不同组合，找到最合适的搭配方案。

4.创意组合实验

不要害怕尝试创意和非传统的风格词组合。有时候，看似不搭的风格词组合，却能产生出意想不到的创新效果。例如，将"刺绣"的针织肌理感、"陈家泠"的水墨意象性、"岩彩板绘"的精准元素风格结合，可能会创造出既有古典韵味又充满现代感的独特视觉效果（图3-6）。这类实验不仅能够拓宽创作的边界，还能激发出新的艺术表达方式。

图3-6　创意组合风格词

刺绣，陈家泠，岩彩板绘，极简主义，构成主义，拼贴画，中国日报风格，鎏金，贴金，中国传统装饰图案，精致的细节，令人惊叹的细节，大面积留白，金色的幻想，中式园林，诗意的渲染，令人难以置信的调色板，细腻，古典，神奇的光影，纹理丰富的画布，詹姆斯·特瑞尔

5.适度组合风格词

　　虽然奇域 AI 支持将多个风格词组合使用以产生新的创意效果，但仍要注重适度原则，即限制风格词数量。过多或不协调的风格词组合可能会导致混乱的视觉效果，从而影响最终作品的和谐统一。首先，建议优先考虑核心风格，确定一个或两个核心风格词作为作品的主导风格，这样有助于维持作品的风格一致性。其次，如果需要添加额外的风格词以丰富作品，要确保这些辅助风格能够与核心风格和谐共存，不破坏整体的视觉效果。再次，在探索不同风格词组合的同时，通过实际生成作品来评估风格的融合效果。不断实验并根据结果调整风格词的使用，直至找到最佳搭配。在使用风格词进行创作后，仔细观察并分析最终作品与预期之间的差异。这不仅能帮助你更好地理解每个风格词的具体效果，还能为后续的创作提供宝贵经验。如果结果与预期有较大偏差，那么可以考虑调整风格词的选择或组合方式。最后，风格词是不断发展的，定期探索新的风格词和组合，可以不断地扩展创作者的艺术表达。如图 3-7 所示的作品用到了多个风格词（暗黑魔幻、宋徽宗、陈家泠、刘野、郑晓嵘、道格海德、草间弥生风格等）。

图 3-7　多个风格词组合作品

　　暗黑魔幻，宋徽宗，陈家泠，美女，侧脸，美丽的眼睛，发冠，发饰，纱衣，雾气，刘野，郑晓嵘，道格海德，波点元素，草间弥生风格

遵循这些规范不仅能帮助创作者更精准地传达创作意图，还能在奇域 AI 中实现更加和谐统一且富有个性的艺术作品。始终记得，艺术创作是一个探索和实验的过程，不断尝试和调整，创作者将更加熟练地运用风格词，发掘出无限的创作可能。

三 增强质感的四大核心词

增强画面的质感，可以通过结合以下四大核心词来实现：艺术风格词、氛围元素词、画家风格词、材质词。这些核心词的综合运用能够丰富作品的视觉层次，增添深度与细腻的质感。以下是万能词示例。

1. 艺术风格词

（1）绘画名家：陈家泠、王希孟、吴冠中、叶瑞琨、张大千、刘海粟、关山月、宋徽宗、吴昌硕、仇英、丰子恺、刘旦宅、齐白石、关良、潘天寿、傅抱石、黄永玉。

（2）特殊效果：岩彩板绘、肌理磨砂。

（3）绘画风格：水墨、工笔、插画、油画、国漫、水彩、线描、版画。

（4）水墨风格：意境水墨、张大千、陈家泠、叶瑞琨，吴冠中、刘海粟、丰子恺、傅抱石、齐白石、关良、潘天寿，水墨国漫。

（5）工笔风格：新工笔、王希孟、宋徽宗。

（6）插画风格：炫彩光影、星汉灿烂、浪漫古风、暗黑魔幻、水墨插画、线条插画、古韵留白、扁平插画、淡雅简约、简笔插画、治愈商插、色块插画、童趣绘本、课本插画、蜡笔彩墨。

（7）水彩风格：古元、吴昌文、徐咏清。

（8）油画风格：赵无极、罗尔纯、林风眠、常玉、吴冠中油画、朱德群。

（9）风景系列：陈家泠、炫彩光影、岩彩板绘、水墨意境、色块插画、简笔插画。

（10）国漫系列：水墨国漫、厚涂国漫、东方诗画、大闹天宫、课本插画、三维古风、战国小人书。

（11）非遗系列：刺绣、传统扎染、皮影戏、浓郁漆画、层次版画、京剧花旦、沙画、库淑兰、卡通剪纸、黄杨木雕、农民画、民族蜡染、上海帛画、水墨京剧、Q版京剧、年画、趣味木偶、绒布质感。

（12）人物系列：东方佳人、新工笔、京剧花旦、水墨人像、古画人像、豆蔻少女、复古写真、色彩肖像。

2.氛围元素词

（1）光影效果：明暗对比和光线方向可以营造出戏剧性或平和的氛围。

（2）色彩选择：色彩的温度、饱和度和对比度能够激发情绪反应，如暖色调激发舒适感，冷色调激发孤独感。

（3）线条流动：线条的弯曲、粗细和流动性可以引导观者的视线，创造动态或静态的感觉。

（4）天气和季节：描绘特定的天气条件和季节变化，如雨、雪、晴天，以及四季更替，能够激发相应的情绪和回忆。

（5）自然元素：自然界的元素，如树木、山川、海洋，常用来象征不同的情感和主题。

（6）光晕效果：柔和的光晕可以营造神秘、梦幻或神圣的氛围。

（7）动态模糊：运动模糊效果可以传达速度感和时间流逝的感觉。

（8）符号和象征：特定的符号和象征物可被用来传递深层的意义和情绪，如和平鸽、心形等。

（9）光斑和反射：光斑和反光效果可以增添画面的活力和现实感。

（10）明度对比：通过调整明暗对比度来强调重点，营造焦点和视觉冲击力。

（11）虚实结合：将清晰和模糊的元素结合，可以创造出远近、真实与梦幻之间的对比。

（12）视角和角度：通过非常规视角和角度展示主题，创造出新奇或令人不安的视觉效果。

（13）抽象图形：使用非具象的形状和图案来表达情感或构建抽象的氛围。

（14）光照强度：不同的光照强度可以营造出明亮（愉快）或阴暗（压抑）的氛围。

（15）幻觉效果：使用幻觉艺术技巧，如视错觉，可以创造出超现实的视觉体验。

3.画家风格词

（1）中国古代画家。

①北宋画派：代表人物及其作品有范宽的《溪山行旅图》和张择端的《清明上河图》。北宋画派注重细致的描绘和透视法的应用，作品常显示出深邃的空间感，风格雍容华贵，强调写实和细节的精确。

②南宋画派：代表人物及其作品有李唐的《万壑松风图》和马远的《溪山行旅图》。南宋画派的画家继承了北宋的传统，但更加注重情感的表达和意境的营造，画作通常更加细腻柔和，善于运用淡墨来表达远山的空灵。

③元代文人画：代表人物及其作品有黄公望的《富春山居图》和倪瓒的《溪山清远图》。元代文人画强调个人表达和情感的自由抒发，画风简洁、朴素。这一时期的画家倾向于使用水墨画，强调笔墨的节奏和变化，追求意境与哲思。

④明代山水画：代表人物及其作品有沈周的《鹧鸪哨图》和文徵明的《鸡鸣寺高棠图》。明代的山水画继续发展元代文人画的特点，但更加丰富和多元。画家们在传统山水的基础上加入了更多生活元素和细节，画风细腻且色彩更为丰富。

⑤清代山水画：代表人物及其作品有郑板桥的《竹石》和石涛的《滴翠图》。清代画家在继承前代风格的基础上，更注重个性的表现和艺术的创新。石涛的画风尤其自由奔放，以粗犷的笔触和简洁的构图著称，而郑板桥则以笔墨竹石画闻名。

（2）西方艺术流派。

①印象派：

克劳德·莫奈（Claude Monet）：以其对光影变化的细腻捕捉著称，特别是在其"睡莲"系列中。

皮埃尔-奥古斯特·雷诺阿（Pierre-Auguste Renoir）：以温馨的场景和明亮的色彩，捕捉人物的温暖和活力。

卡米耶·毕沙罗（Camille Pissarro）：被誉为"印象派之父"，以其乡村场景和市场场景的描绘闻名。

埃德加·德加（Edgar Degas）：以其对运动的独特捕捉而闻名，特别是在描绘舞蹈者时。

贝特·莫里索（Berthe Morisot）：作为少数几位女性印象派画家之一，以其对日常生活细节的温馨描绘著称。

②表现主义：

爱德华·蒙克（Edvard Munch）：代表作《呐喊》描绘了极端情感的直接表达，成为表现主义的象征之一。

恩斯特·路德维希·基尔希纳（Ernst Ludwig Kirchner）：通过鲜艳的色彩和强烈的线条展示了内心的冲突和焦虑。

瓦西里·康定斯基（Wassily Kandinsky）：虽然更广为人知于抽象艺术，但他的早期作品展现了表现主义的特点。

奥托·迪克斯（Otto Dix）：以其对第一次世界大战后德国社会的尖锐批评和真实描绘而著名。

埃贡·席勒（Egon Schiele）：以其裸体画作的直接性和简约风格，探索人性和身体表现。

③立体主义：

巴勃罗·毕加索（Pablo Picasso）：立体主义的创始人之一，通过解构和重构形式，探索了视觉和空间的新可能性。

乔治·布拉克（Georges Braque）：与毕加索共同探索立体主义，他率先将字母融入绘画，还发明了拼贴画法。

费尔南·莱热（Fernand Lger）：他的作品展现了机械和动态城市生活的立体主义视角。

胡安·格里斯（Juan Gris）：以其清晰的结构和鲜明的色彩，为立体主义增添了一种几何的严谨性。

④超现实主义：

萨尔瓦多·达利（Salvador Pali）：以其奇幻梦境的画面和精细的绘画技巧，成为超现实主义的标志性人物。

勒内·马格里特（Rene Magritte）：通过日常物品的非日常组合，探索了梦与现实的界限。

马克斯·恩斯特（Max Ernst）：运用多种技法（如拓印、拼贴等），创造出超现实的画面。

安德烈·布勒东（Andre Breton）：超现实主义的理论家和领袖，强调无意识的创作过程。

弗里达·卡罗（Frida Kahlo）：她的作品充满了超现实主义的象征和梦幻般的元素。

4.材质词

宣纸、绢布、书本、草木、金箔、银箔、玉石、玻璃、陶瓷、编织、剪纸、胶片、三维等材质词可为作品增添不同的质感。

（四）风格词组合效果展示

将图像直观地展现出每个风格词的画面效果和肌理形式，是深入理解奇域AI中各种风格选项的一个极其有效的方式。通过查看这些展示图，不仅能够快速把握每种风格的视觉特征，还能对如何将这些风格应用到自己的创作中有一个更清晰的认识。以下是风格词及风格词对应画面的案例展示。

1.水墨风格

（1）意境水墨：意境水墨是一种将传统水墨画风融合现代表现技巧的艺术风格。这种风格强调通过简约的笔触和墨色渲染，捕捉自然景象中的"意境"，即超越物象本身的精神和情感寓意（图3-8）。

（2）水墨人像：水墨人像是一种利用水墨画技巧来表现人物形象的艺术风格。这种风格特别强调墨色的运用和笔触的流畅性，通过浓淡不同的墨迹展现人物的情感和气质（图3-9）。

图3-8 意境水墨

意境水墨，空灵的极简主义，视觉冲击力，荧光，物体发光，大面积留白，黄色，绿色，蓝水，湖泊，花田，大景观，白色的山，构成感，拼贴

图3-9　水墨人像

水墨人像，淡绿色，桃红色的伞，飘逸轻盈，色调

清爽干净，半身像

（3）水墨画家风格：

①陈家泠：陈家泠是一位当代中国水墨画家，以其独特的艺术风格和技巧著称。此风格作品受传统中国绘画影响，同时也融入了现代的感觉和创新元素。陈家泠风格特别注重画面的意境与情感深度，像是一种诗意的表达，通过画笔和墨色讲述故事，传达哲理（图3-10）。

②吴冠中：吴冠中是一位杰出的中国现代水墨画家，他的作品以创新性著称，成功地将中国传统水墨画技法与西方现代艺术风格结合。此风格常用于展现抽象的自然景观，尤其适合表现山水。吴冠中风格在作品中引入鲜明的色彩和动态的线条，使画面生动而充满表现力，打破了传统黑白水墨的限制，为现代水墨画注入了新的生命力和深刻的文化意涵（图3-11）。

图3-10 陈家泠风格

陈家泠，极简主义，令人惊叹的细节，建筑，X光，精致的细节，大面积留白，新中式风格，中国古代宫殿，岩彩板绘，湿墨，高斯模糊，弥散渐变，詹姆斯·特瑞尔，炫彩光影，彩色，水墨意象性

③叶瑞琨：叶瑞琨风格用传统的水墨元素，如流动的墨迹和意象的笔触，结合现代抽象的表达方式，探索自然和宇宙之间的关系（图3-12）。

④刘海粟：刘海粟在水墨画中运用了西方的透视和构图技巧，其作品呈现出独特的空间感和现代感，同时保持了中国画的精神性和意境。刘海粟风格适合探索自然景观，特别是山水画，能够展现深厚的艺术底蕴和对自然美的深刻理解（图3-13）。

⑤潘天寿：潘天寿擅长运用大面积的墨色和浓烈的色彩对比，创造出具有强烈表现力的作品。他的笔触自

图3-11 吴冠中风格

吴冠中，空灵的极简主义，视觉冲击力，荧光，物体发光，大面积留白，黄色，绿色，蓝水，湖泊，花田，大景观，白色的山，构成感，拼贴

图3-12 叶瑞琨风格

叶瑞琨，空灵的极简主义，视觉冲击力，荧光，物体发光，大面积留白，黄色，绿色，蓝水，湖泊，花田，大景观，白色的山，构成感，拼贴

由奔放，能够在一幅画中同时展现粗犷与细腻，表达出强烈的动态感和生命力。潘天寿风格的作品特别强调构图的新颖与大胆，适合非传统的画面布局和强烈的视觉冲击力，使传统主题如花鸟和山水呈现出全新的艺术表现（图3-14）。

⑥张大千：张大千特别擅长使用"溅墨"技法，这一技法能创造出独特的水墨效果，使画面充满动感和表现力。在画面构图上，使用张大千风格可以展现出大胆而富有创造性的布局，通过强烈的色彩对比和大胆的笔触来表达自然景观的壮观和深远（图3-15）。

⑦傅抱石：傅抱石擅长使用大胆而富有表现力的笔触，结合传统与现代的技法来构建作品的深度与空间感。在画面效果和构图上，使用傅抱石风格会特别注重墨色的

图3-13　刘海粟风格

刘海粟，空灵的极简主义，视觉冲击力，荧光，物体发光，大面积留白，黄色，绿色，蓝水，湖泊，花田，大景观，白色的山，构成感，拼贴

层次与纹理，通过精细的墨线和大面积的水墨晕染，展现山石的质感和远山的朦胧（图3-16）。

⑧吴昌硕：吴昌硕善于利用粗犷而有力的笔触来表达花鸟等对象的生动形象。运用吴昌硕风格的作品构图通常开阔而简洁，以大胆的墨迹和清晰的线条捕捉对象的精髓（图3-17）。

⑨齐白石：齐白石风格特别适合用于描绘花鸟、昆虫和鱼类等题材。在画面效果和构图上，齐白石风格的水墨画作品简洁明快、形象生动，善于运用大胆的线条和鲜明的色彩，通过几笔就能捕捉到生物的精神和动态，形成强烈的视觉冲击力和艺术感染力（图3-18）。

⑩黄永玉：黄永玉擅长利用鲜明的色彩对比和简洁有力的线条，表现动物和植物等自然题材，其作品既有传统水墨的精神性，又不失现代艺术的活力和趣味。运

图3-14 潘天寿风格

潘天寿，空灵的极简主义，视觉冲击力，荧光，物体发光，大面积留白，黄色，绿色，蓝水，湖泊，花田，大景观，白色的山，构成感，拼贴

图3-15 张大千风格

张大千，空灵的极简主义，视觉冲击力，荧光，物体发光，大面积留白，黄色，绿色，蓝水，湖泊，花田，大景观，白色的山，构成感，拼贴

图3-16 傅抱石风格

傅抱石，空灵的极简主义，视觉冲击力，荧光，物体发光，大面积留白，黄色，绿色，蓝水，湖泊，花田，大景观，白色的山，构成感，拼贴

图3-17 吴昌硕风格

吴昌硕，空灵的极简主义，视觉冲击力，荧光，物体发光，大面积留白，黄色，绿色，蓝水，湖泊，花田，大景观，白色的山，构成感，拼贴

用黄永玉风格的作品构图经常打破传统束缚，展现出一种自由流动的空间感，画面既具有深度又充满诗意（图3-19）。

图3-18　齐白石风格

图3-19　黄永玉风格

齐白石，空灵的极简主义，视觉冲击力，荧光，物体发光，大面积留白，黄色，绿色，蓝水，湖泊，花田，大景观，白色的山，构成感，拼贴

黄永玉，空灵的极简主义，视觉冲击力，荧光，物体发光，大面积留白，黄色，绿色，蓝水，湖泊，花田，大景观，白色的山，构成感，拼贴

⑪丰子恺：丰子恺风格的水墨画作品常展现出简洁而富有表现力的风格。丰子恺擅长用细腻而生动的线条来描绘人物和自然景观，通过温暖的色彩和流畅的笔触表达出平和与乐观的情感。丰子恺风格的构图通常明快而和谐，能够直观地传达出作品的主题和情感，使人感受到一种宁静与安详（图3-20）。

⑫刘旦宅：刘旦宅善于通过简约的笔触捕捉自然景观的灵动和生命力，尤其擅长表现山水和花鸟。在画面效果和构图上，刘旦宅风格的作品常展示出细腻而富有层次感的墨色处理，以及流畅而富有节奏的线条（图3-21）。

图3-20 丰子恺风格

图3-21 刘旦宅风格

丰子恺，空灵的极简主义，视觉冲击力，荧光，物体发光，大面积留白，黄色，绿色，蓝水，湖泊，花田，大景观，白色的山，构成感，拼贴

刘旦宅，空灵的极简主义，视觉冲击力，荧光，物体发光，大面积留白，黄色，绿色，蓝水，湖泊，花田，大景观，白色的山，构成感，拼贴

⑬关山月：关山月通过简洁而有力的笔触，能够捕捉自然的雄浑与细腻，其作品既有传统水墨的精神性，又不失现代感。关山月风格的作品常以强烈的色彩对比和动态的构图来表现自然景观，尤其是山水（图3-22）。

⑭关良：关良的画作常利用传统技法如点染、设色，但又在其中融入创新和现代感，其水墨作品特别注重墨色的层次与细节的处理，通过细腻的笔触和丰富的墨色变化，展现出景物的生动与韵味。运用关良风格的作品构图通常简洁而充满力度，能够在有限的画面空间内创造出深远的空间感和广阔的视野（图3-23）。

图3-22　关山月风格

关山月，空灵的极简主义，视觉冲击力，荧光，物体发光，大面积留白，黄色，绿色，蓝水，湖泊，花田，大景观，白色的山，构成感，拼贴

图3-23　关良风格

关良，空灵的极简主义，视觉冲击力，荧光，物体发光，大面积留白，黄色，绿色，蓝水，湖泊，花田，大景观，白色的山，构成感，拼贴

2.工笔风格

（1）新工笔：新工笔风格是对传统工笔画风格的现代演绎，保留了其精细描绘的特点，同时引入现代艺术元素和色彩使用。这种风格适合绘制复杂和精细的画面，如花鸟、人物肖像，以及传统题材的现代表达。新工笔强调细致的笔触和丰富的色彩层次，构图通常复杂且内容丰富，通过光影对比和色彩搭配增强视觉冲击力和情感表达（图3-24）。

（2）古画人像：古画人像风格以其传统和历史感著称，适合描绘古代人物和历史场景，强调用精细的线条和柔和的色彩捕捉人物的表情和服饰细节。这种风格的笔触细腻，构图讲究平衡与和谐，常通过对称或中轴线布局来增加画面的庄重和尊贵感。古画人像不仅重现了古代人物的形象，还体现了传统文化和审美趣味（图3-25）。

图3-24　新工笔风格

图3-25　古画人像风格

新工笔，蓝色长发女孩睡在海底，珊瑚礁、发光珍珠，梦幻的，梦中的场景，生物发光，线条艺术，大面积留白，主体明确，超高清，HD，完美细节，完美构图

古画人像，女孩单手摸着发髻，站在一棵桃树下，粉色藏青，透出锃亮的光芒

（3）工笔画家风格：

①王希孟：王希孟的笔触细致入微，擅长使用细线条来刻画精确的自然和建筑细节，构图宏伟而层次分明，通过精细的线条和丰富的色彩层次表现出画面的深远和繁复，充分体现了宋代工笔画的高超艺术水平。王希孟风格适合表现繁复且细节丰富的山水画面（图3-26）。

②宋徽宗：宋徽宗擅长描绘细腻的花鸟画。宋徽宗风格的工笔画强调精细的笔触和丰富的色彩，构图讲究精巧和雅致，画面通常充满宫廷气息和文人情趣（图3-27）。

图3-26　王希孟风格

图3-27　宋徽宗风格

王希孟，层峦叠嶂，卷云图案，蓝色，金色高光，极简，留空

宋徽宗，喜鹊站在樱花树上，粉红色的花瓣，春天的气息，高清，色彩鲜艳

3.油画风格

（1）赵无极：赵无极的作品以简洁的色块和流动的线条为特征，融合了东方哲学和西方抽象艺术的元素，创造出具有强烈视觉冲击力的画面。赵无极风格的画作适合表现大尺度的抽象主题，笔触自由奔放，色彩层次丰富，常通过色块的碰撞和融合来探索空间和深度感，构图开放而富有动感，完美展示了动态与和谐的平衡（图3-28）。

（2）吴冠中油画：吴冠中的油画风格通常以中国传统山水为主题，通过现代的视角和表现手法，如粗犷的笔触和浓郁的色彩对比，来表达传统美学中的"意境"。吴冠中油画风格的作品适合描绘广阔的自然景观，构图开阔而充满诗意，通过使用大胆的色彩和动态的线条，呈现出强烈的视觉冲击力和深邃的艺术情感（图3-29）。

图3-28 赵无极风格

赵无极，树木，花草，小房子，浪漫，高级构图，超多细节

图3-29 吴冠中油画风格

吴冠中油画，浪漫，大面积留白，粉色花田

（3）常玉：常玉融合了东方的简约和西方的表现主义元素，其油画作品通常以人物、静物和风景为主题，画风简洁而深情，用色大胆且富有情感表达力。常玉风格的笔触流畅而自信，善于通过简化的形象和饱满的色彩营造出画面的深度和空间感（图3-30）。

（4）林风眠：林风眠擅长儿童和女性肖像画，他的笔触细腻而灵动，色彩使用温暖而和谐，常通过梦幻般的色彩和流畅的线条来表达画面的情感深度。林风眠风格的油画作品通常营造了柔和而富有诗意的氛围，适合用于描绘人物和风景（图3-31）。

（5）罗尔纯：罗尔纯的作品多聚焦于人物和城市风景，通过鲜明的色彩对比和大胆的笔触来表达生活的活力和情感的张力。罗尔纯风格的画面构图简洁而具有冲击力，常通过色块的堆砌和线条的流动，展现出动态和节奏感（图3-32）。

（6）朱德群：朱德群的画作通常采用大胆的色彩和动态的笔触，创造出充满活力的视觉效果，他的构图开放而富有创意，经常运用不规则的形状和强烈的色彩对比来表达情感的深度和复杂性。这种风格适合用于探索抽象主题和表达内在情感（图3-33）。

图3-30 常玉风格

常玉，紫色的薰衣草田在微风中摇曳，以蓝天白云为背景，清新，高清，有线条感

图3-31 林风眠风格

林风眠，荷花，荷叶，芦苇，湖泊，高级构图，水鸟，超多细节

图3-32 罗尔纯风格

罗尔纯，岸边大片白色的芦苇，溪流，盗梦空间，七彩霞光，遥远的距离，新月，星星，夜空

图3-33 朱德群风格

朱德群，抽象，简约，油画颜料稀释，起舞弄清影，何似在人间，炫彩，中国山水画，梦幻的云，高饱和度，超大笔触，超高清，大面积颜色交融，对比和冲突的颜色

（7）流体油画：流体油画是一种利用油画颜料的流动性来创作画作的技术，特点是强调色彩的自然流淌和混合，产生梦幻般的视觉效果。这种风格不依赖传统的笔触技巧，而是通过倾倒、滴落或喷洒颜料来形成独特的图案和色彩层次。流体油画适合创作抽象画面，其构图通常自由而无拘无束，强调色彩和形式的即兴和偶然性，非常适合探索情感表达和视觉冲击力（图3-34）。

图3-34　流体油画风格

　　流体油画，江南，克林姆特，空灵的极简主义，视觉冲击力，荧光色，物体发光，大面积留白，树干，湖水，小鸟，拼贴，超多细节，超高质量，大面积白色，黄绿色点缀

4. 水彩系列

（1）古元：古元的水彩作品通常以自然景观和日常生活为主题，运用轻快流畅的笔触和透明清新的色彩，创造出清新脱俗的艺术效果。运用古元风格的作品构图简洁明快，通过几笔带过的方式捕捉光影变化和空气感，画面既有生活的真实感又

不失诗意的远方。这种风格非常适合表现自然风光和人物日常，展现出一种轻松自然的美感（图3-35）。

（2）吴昌文：吴昌文的作品常表现细致的自然景观和人文场景，他擅长运用精细的笔触和丰富的色彩层次，传达出强烈的光影效果和深邃的空间感。运用吴昌文风格的作品构图注重细节的描绘和整体的和谐，通过色彩的渐变和透明度的控制，营造出画面的深远与宁静。这种风格非常适合表现自然风景和城市生活的细腻质感（图3-36）。

图3-35 古元风格

古元，海边夕阳，沙滩，莫奈配色，超广角，点彩勾勒曲线，清晰的，舒适的，8K高清

图3-36 吴昌文风格

吴昌文，航拍，梦幻主义，神话般的，前景有树，多层次，暖色调的光，紫色调，黄色，荧光，梦里水乡，通天的水，天宫，蜿蜒的河流，酸性，生物发光，紫罗兰色，发光的鹿，夜光，开阔的湖面，树，船

（3）徐咏青：徐咏青的水彩作品通常以人物和日常生活场景为主题，他擅长使用饱和度高的色彩和强烈的光影对比来增强视觉冲击力，笔触自由而充满动感，善于捕捉瞬间情感和动态。运用徐咏青风格的作品构图既富有表现力又注重细节的呈现，非常适合表现生动的市场场景、人物表情和动态自然景观（图3-37）。

（4）时尚水彩：时尚水彩风格的特点是现代、活泼和具有视觉冲击力，常用于描绘时尚插画、服装设计和美妆艺术。这种风格运用鲜明的色彩、大胆的笔触和流畅的线条，强调造型和风格的表现。运用时尚水彩风格的作品构图通常简洁而富有现代感，善于通过色彩的对比和层次感突出主题，非常适合用来展示服装细节、人物姿态和动态表情，能够有效传达时尚界的动态和美感（图3-38）。

图3-37 徐咏青风格

徐咏青，大面积的浩瀚星空、山川连绵起伏，仰视，小人在山顶上观望星空，极简构图，赛博朋克，荧光，生物自发光，霓虹灯

图3-38 时尚水彩风格

时尚水彩，草原，一匹马在画面角落，微风，扁平，极简风格，细腻的细节，意境，东方美学，8K高清，蓝色背景

5.非遗风格

（1）刺绣：刺绣风格是一种承载了深厚文化历史的手工艺风格，特点是精细的工艺和复杂的图案设计，常用于展示民族传统和地方特色。这种风格适合描绘具有丰富文化象征意义的画面，如节日庆典、传统服饰或神话故事。刺绣作品的构图精致而详尽，使用多种线条和色彩来构建层次和细节，通过手工刺绣的细密针法，展现出画面的质感和深度，充分体现了手工艺的美学价值和文化传承（图3-39）。

（2）浓郁漆画：浓郁漆画风格适合创作具有强烈视觉冲击力的艺术作品。这种风格利用漆料的层层堆叠形成丰富的色彩深度和光影效果。浓郁漆画通常采用简洁而强烈的构图，强调色彩的对比和质感的丰富性，非常适合表现抽象图案、传统文化符号或自然元素，展现出一种典雅而神秘的艺术氛围（图3-40）。

图3-39　刺绣风格

刺绣，大面积白色干净背景，一条巨大的粉红色舞龙，四个龙爪，中国舞龙，头部特写，粉色，绿色，极简构图，大面积留白，artistic ink painting，高质量

图3-40　浓郁漆画风格

浓郁漆画，黑色的山峰，龙在飞，流淌着多彩的瀑布，瀑布边缘发光，一条透明发光的中国龙，黑色调，黑色天，圆月，纯黑色，纯黑色物体，只有瀑布发光，肌理磨砂，禅意，大面积黑色，生物发光，边缘发光，弥散渐变，极简主义，大师构图，勾线龙

（3）库淑兰：库淑兰的剪纸风格以其精细的手工和对称的美感著称。库淑兰风格通过剪切技术创造复杂的图案和形象。这种风格适合表现民间故事、节庆图案和自然元素，如动物和植物。运用库淑兰风格的作品构图强调平衡与对称，通过精巧的剪切呈现视觉上的透视效果和细节层次（图3-41）。

（4）传统扎染：传统扎染利用染料的渗透，形成具有自然过渡和独特纹理的色彩效果。运用此风格适合制作具有抽象和几何图案的画面，其视觉效果强调色彩的对比和图案的不规则性（图3-42）。

图3-41　库淑兰风格　　　　　　　　　图3-42　传统扎染风格

库淑兰，立体剪纸，红色背景，黑色，黄色，中国舞狮，空中有祥云，高级构图

传统扎染，水乡梦幻歌谣的夜航，银河中压缩的梦想，神奇的呈现，迷人的氛围

（5）黄杨木雕：黄杨木雕的工艺特点是精雕细刻，因此非常适合雕刻细密的图案和人物。黄杨木雕风格常用来创作传统的中国文化图案、宗教和神话人物以及日常生活场景，特别是那些要求高度细节和层次感的作品（图3-43）。

（6）蜡染：蜡染是中国古老的传统印染方法之一，常展现具有民族风格的抽象或几何图案，表现手法包括精细的线条和色彩的对比。运用蜡染风格的作品构图通常简洁而有力，通过蜡的不规则裂纹效果展现出自然的纹理和层次感，这种风格特别适合表现传统文化主题或自然元素，呈现出一种原始而又充满艺术感的美（图3-44）。

（7）帛画：帛画中经常表现精细和优雅的画面，如古代人物、神话故事和自然景观。这种艺术形式采用细致的笔触和柔和的色彩，构图注重平衡和和谐，运用此风格可以展现出画面的流畅线条和透明感（图3-45）。

（8）沙画：沙画是一种使用（彩色）细沙在光滑平面上创作的视觉艺术形式，沙画风格适合表现流动和变化的场景，如自然风景或故事叙述（图3-46）。

图3-43 黄杨木雕风格

黄杨木雕，极简，平面插画，宫殿，庭院，中国美女，身着汉服，精致美丽的脸庞，高高的发髻，精致的耳环，周围有猫，厚涂，光影极佳，平面，蓝色，粉色，绿色，雾气，轻烟，白色，梦幻风格，中国美学，淡雅色彩

图3-44 蜡染风格

蜡染，长发女孩的背影，站在平静的海面上，就像一面倒影的镜，海面超大特写，满月，星星，流星，浪漫气息，寂静，孤独，享受，蓝色，紫色，黄色

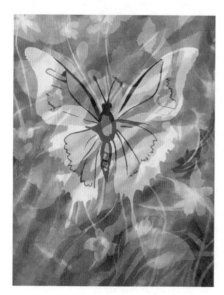

图3-45 帛画风格

帛画，一只蝴蝶展开翅膀，在阳光下闪闪发光，高清，极简背景

图3-46 沙画风格

沙画，广阔的稻田，金色的麦浪，夏日的阳光，清新的空气，蓝天白云，画面中有几只飞翔的白鹭

（9）皮影戏：皮影戏是一种传统的中国戏剧形式，使用精致刻制的皮质人偶在背后照明的幕布上表演。皮影戏风格适合用于表现古典故事、神话或日常生活场景。皮影戏的视觉风格强调线条和轮廓，构图以清晰的轮廓和富有表现力的姿态为特点，通过影子的变化来传达情感和故事，运用此风格可以创造一种神秘而迷人的视觉体验（图3-47）。

（10）京剧：京剧的视觉呈现特点是色彩鲜艳、充满戏剧性的面具和服装以及夸张的表情动作。这种风格适合表现传统的戏剧场景和人物，其特点是强烈的视觉对比和丰富的装饰细节（图3-48）。

图3-47 皮影戏风格

皮影戏，皇帝，漂浮在水中，骑龙在空中

图3-48 京剧风格

京剧花旦，女人，身着深藏青色戏曲服装，优雅地吸引着观众，浓郁的蓝色调照亮了她永恒的美丽，创造了令人难忘的戏曲时刻

6.国漫风格

（1）浪漫古风：浪漫古风是一种结合了中国古典美学和浪漫主义元素的风格，特点是用柔和的色彩和流畅的线条表现梦幻般的古代场景和人物。这种风格适合描绘诗意的古代爱情故事、宫廷生活或神话传说（图3-49）。

（2）厚涂中国：厚涂中国风格是一种结合传统中国美术和现代厚涂技巧的绘画风格，特点是使用浓厚的颜料层和细腻的笔触来表现古典主题。这种风格适合描绘古代人物、神话故事或自然景观，强调深度和质感的同时保留传统的艺术表现（图3-50）。

图3-49　浪漫古风风格

浪漫古风，辛烷值渲染，摄影，梦幻般的梨花林，地上开满了花，小精灵在飞舞，远处一位少女，荧光，生物光，炫彩光影，肌理磨砂，广角镜头

图3-50　厚涂中国风格

厚涂中国，庭院有点深，构图对称，色彩丰富耀眼，有很大的空白，南水乡传统的花园庭院，建筑覆盖着茂密的植物，水面上的倒影

（3）水墨国漫：水墨国漫是将传统中国水墨画艺术与现代动漫相结合的独特表现形式。这种风格使用传统的水墨笔触和墨迹渗透效果，适合表现具有浓厚中国文化特色的动漫场景和人物（图3-51）。

（4）大闹天宫：美术片《大闹天宫》的画面风格是一种典型的中国传统神话题材表现形式，特点是生动的场景、丰富的色彩和动态的人物表现。这种风格适合描绘戏剧性的神话故事、动作场面和复杂的宫廷背景，突出了战斗动作的激烈和人物的表情（图3-52）。

图3-51　水墨国漫风格

　　水墨国漫，复杂的钢笔插画风格，乡村朋克，幻境细节，山景，炫彩风格的山树河流，自然图案

图3-52　大闹天宫风格

　　大闹天宫，北风猛烈，优雅女士的耳边挂着一枚白色的宝石耳环，像一片小雪花

　　（5）三维古风：三维古风是一种将传统中国古典美学元素与现代三维渲染技术结合的视觉风格。这种风格通过高度逼真的三维模型和质感表现，适合用于展现古代宫殿、历史战场或神话场景（图3-53）。

　　（6）武侠漫画：武侠漫画中经常出现人物肖像、战斗场景、夸张的动作和表情以及独特的武侠服饰。这种风格适合表现激烈的对战、众多的武术流派以及传统的侠义精神。运用武侠漫画风格的作品构图通常充满活力和张力，运用流畅的线条和强烈的视角变化来加强故事的紧张感和动感，同时，精细的细节描绘能够增强角色的个性和情境的真实感（图3-54）。

　　（7）国风光影：国风光影是一种融合了传统中国美学与现代光影处理的艺术风格，特别适合用于展现具有古典气息的自然景观和人物肖像。这种风格通过精细的光影运用和柔和的色调，强调景物的层次感和空间感（图3-55）。

　　（8）中式少女：中式少女风格是一种将中国传统元素与现代美术风格相结合的绘画风格，常用于描绘兼具古典美感和现代感的少女形象。这种风格突出柔和的色

图3-53　三维古风风格

三维古风，中国男孩，仙气十足，油画，彩铅，云状，汉服，帅气发型，白色，蓝色，半身，迷人笑容

图3-54　武侠漫画风格

武侠漫画，深色背景，强光，下边一个人物，超细腻的线条感，梦境中出现的场景，荧光，超梦幻风格，超高清画质，华丽，绝佳光影，留白

调、精致的服饰细节和优雅的姿态，适合表现穿着汉服或其他传统服饰的少女，突出既古典又现代的视觉效果（图3-56）。

图3-55　国风光影风格

国风光影，一个优雅的女孩，意境，光感，高饱和度配色

图3-56　中式少女风格

中式少女，Hikari Shimoda，插画，梦幻的，白色的鸟，透明泡泡，中国女孩，汉服，精美的发饰，精致的耳环，含羞，头像

（9）人像海报：人像海报风格通常用于广告、电影或音乐宣传等，特点是突出主要人物的形象与个性。这种风格适合强调人物特征、情绪表达或品牌形象的场景，常使用鲜明的色彩对比和创意的构图来吸引观众注意（图3-57）。

图3-57 人像海报风格

人像海报，白描，流光溢彩，色彩丰富，视角向上，极简主义，皇后站在天宫前的特写，五官精致，气质清冷，眼神清澈，衣着飘逸，细腻，自发光，丝绸质感，分散，云雾，精致细节，生物发光，明暗阴影，对称构图，极致美学，高精度，强烈光影，詹姆斯·特瑞尔，层次感，电影灯光

7.插画风格

（1）线条插画：线条插画是一种以简洁明快的线条为主要表现形式的艺术风格，通常用于图书插图、广告设计或编辑插画等。这种风格通过精细或粗犷的线条描绘出清晰的形状和轮廓，适合表现人物、动物或抽象图形，突出作品的简洁性和视觉冲击力。运用线条插画风格的作品构图多简洁明了，强调线条的动感和节奏，能够有效传达情绪和概念，使画面既具有艺术性又易于传达信息（图3-58）。

（2）卡通插画：卡通插画通常用于儿童书籍、动画、广告及各种娱乐媒体。这种风格适合表现幽默、愉悦的场景和人物，强调简洁的线条和鲜明的色块来创造有趣且易于理解的视觉效果（图3-59）。

图3-58　线条插画风格

图3-59　卡通插画风格

线条插画，一轮新月在高崖之上，瀑布从高处倾泻下来，霓虹配色，极简主义，扁平化，边缘发光，千里江山图色调

卡通插画，一个可爱的女孩，冬日的雪景，大地被雪覆盖，天空飘着雪花，温暖的灯光，氛围感十足，电影感镜头，电影配色

（3）色块插画：色块插画是一种通过明确的色彩区分和简化的形状来表达视觉内容的插画风格，适合创造现代感强烈的视觉作品。这种风格采用大胆的色块和简洁的线条，强调色彩的对比和组合来传达情感或故事（图3-60）。

（4）扁平插画：在扁平插画中会尽量避免使用渐变和阴影处理，强调直观的色块和清晰的线条，使画面具有高度的可读性和视觉冲击力。运用扁平插画风格的作品构图通常非常直接和有序，通过明确的视觉元素排列和色彩对比来优化用户体验和信息传递，是数字媒体中非常受欢迎的一种视觉表达方式（图3-61）。

（5）课本插画：课本插画适合用于表现教育主题、历史事件、科学概念等，通过直观的视觉呈现来加深学生的学习体验。运用课本插画风格的作品通常会呈现简洁明了的线条和适当的色彩，强调信息的清晰传达和视觉上的易读性（图3-62）。

图3-60 色块插画风格

色块插画，极简构图，晚霞的颜色，橙色，紫色，绿色，蓝色，有很多小人骑着骆驼，绚丽，荧光金色的背景，重重叠叠的山川，极美的画面，高级构图

图3-61 扁平插画风格

扁平插画，阳光透过窗户照射在地上，窗户光斑，局部泛光，趴着睡觉的猫，詹姆斯·特瑞尔，晕染，高清

图3-62 课本插画风格

课本插画，女孩，树影，超精细的绘画，最好的质量，精致的面部特征，反射迷人的光影

8.特殊效果

（1）肌理磨砂：肌理磨砂效果通过在画面上添加微细的粒状纹理来模拟磨砂玻璃的外观。这种效果可以增加艺术作品的质感和深度，特别适合用于背景处理或增强摄影作品的视觉效果（图3-63）。

（2）岩彩板绘：岩彩板绘效果适合用于创作具有强烈自然质感的艺术作品，如山水画、动植物或传统题材。岩彩板绘效果的笔触可以粗犷也可以细腻，能够根据所需的表现力和细节层次进行调整，并且可以添加闪粉与金波效果（图3-64）。

图3-63　肌理磨砂效果

肌理磨砂，极简的构图，江南水乡，徽派建筑特写

图3-64　岩彩板绘效果

岩彩板绘，插画，扁平风，甜美浪漫，线构，绿色，细碎螺钿拼接，一只加菲猫，配闪粉，漆画，甜美浪漫

（3）层次版画：层次版画效果适合表现具有丰富色彩和细节的画面，如自然景观、城市风光或复杂的图形设计。层次版画的特点是能够通过分层的表现方式，实现颜色的深度和细节的精确表达，构图通常精心设计以突出各层次间的交互和视觉冲击，创造出视觉上连贯且富有层次感的艺术作品（图3-65）。

（4）炫彩光影：炫彩光影是一种特殊的视觉艺术效果，通过运用强烈的色彩对比和光影处理来增强画面的视觉冲击力。这种效果特别适合用于表现动态场景、现代艺术或任何需要突出表现力的作品（图3-66）。

图3-65 层次版画效果　　　　　　　　　图3-66 炫彩光影效果

　　层次版画，复杂的钢笔插画风格，乡村朋克，幻境细节，山景，深蓝白风格的山树河流，自然图案，单色图像

　　炫彩光影，一个侠客站在寺庙之下，完美构图，漫天飘带，强对比，极致的细节

　　（5）三维秘境：三维秘境是一种类似于三维建模的视觉艺术效果，适合构建虚拟现实、幻想世界或科幻场景。这种效果通过精细的三维建模和真实的纹理映射，营造出深邃且富有层次的空间感（图3-67）。

　　（6）星汉灿烂：星汉灿烂是一种富有美感的效果，特征是利用光影效果和鲜明的色彩创造梦幻般的视觉体验。这种风格适合描绘夜空、星系或任何需要强烈光效和浪漫氛围的场景。星汉灿烂风格的构图注重光源的运用和色彩的渐变，通过精细的笔触和光影的对比，营造出空灵且富有层次感的画面，非常适合表现广阔的宇宙景观和幻想中的神秘场所（图3-68）。

　　（7）暗黑魔幻：暗黑魔幻艺术风格以其阴郁的色调和超自然的元素为特征，适合描绘哥特式恐怖场景、神秘的奇幻故事或黑暗英雄叙事。这种风格通过使用昏暗的色彩、锐利的对比以及复杂的纹理和符号，创造出一种紧张且引人入胜的视觉氛围。运用暗黑魔幻效果的作品构图常常聚焦于强烈的情绪表达，结合错综复杂的背

图3-67　三维秘境效果

图3-68　星汉灿烂效果

三维秘境，暗夜微光，人物周围都是光点，空中发光，半身，大眼睛，可爱少女，线条明显，故事感，场景感，绿色头发，橘黄色，插画感，线条细节，极简构图，by Hajime Sorayama

星汉灿烂，透明，树林，一个小人，神秘氛围，盛大，发光，照明，橘黄叶子飘在空中，丰富的细节，高质量

景和神秘莫测的人物，使画面既有视觉冲击力又充满叙事深度（图3-69）。

（8）梦幻粉紫：梦幻粉紫风格以其柔和的粉紫色调和浪漫的氛围为特征，非常适合描绘女性人物、幻想场景或儿童故事。这种风格通过使用温柔的色彩渐变、细腻的笔触和飘逸的线条，给予观者梦幻的视觉体验（图3-70）。

（9）暗夜微光：暗夜微光效果通过使用低饱和度的色彩和微妙的光源来创造出一种静谧而神秘的夜间氛围。这种效果特别适合用于描绘宁静的夜景、寂静的自然场景或深沉的情感表达，画面通常利用深色调的背景和点缀的亮色，如月光或灯光，以此突出光影的对比和深度（图3-71）。

（10）铅笔彩绘：铅笔彩绘效果适合用于创作从精细的肖像到生动的风景画等各种画面。这种效果特别适合表现细节和层次，能够通过混合和层叠不同颜色来达到丰富的色彩效果。铅笔彩绘的笔触可以从非常精细到较为粗犷，依据所要表达的质感和光影效果变化进行调节；画面构图灵活，可以根据主题需求进行动态或静态的布局，使作品既有艺术性又高度逼真（图3-72）。

图3-69 暗黑魔幻效果

暗黑魔幻，荷花，彩色背景，朦胧，玻璃质感，半透明，肌理磨砂，丰富的颜色

图3-70 梦幻粉紫效果

梦幻粉紫，小帆船在银河一样的大海中向远处行驶，大场景，安静，留白，沉寂真实，场景构建，化简去繁

图3-71 暗夜微光效果

暗夜微光，纯真的女孩手捧星星，安静，朦胧，超梦幻，深色背景

图3-72 铅笔彩绘效果

铅笔彩绘，一个小男孩，长着大大的眼睛，坐在石头上，身边是一只巨大的鹿，在画面左侧，特写，在丛林深处，远眺，素描，留白，好看的构图

（11）颜色曲线：颜色曲线是一种以流畅的曲线为主要表现手法的特殊效果，这种效果通过使用连续的曲线形态来描绘对象，强调画面的流动性和节奏感，非常适合表现自然元素，如植物和动物，或其他需要表达柔和动感的场景（图3-73）。

（12）朦胧彩铅：朦胧彩铅是一种运用彩铅创造出朦胧、梦幻效果的绘画效果，通过轻柔的笔触和色彩的淡化处理，增加作品的诗意和情感深度。这种风格适合描绘自然风景、人物肖像或其他需要表达温柔、抒情氛围的场景（图3-74）。

图3-73　颜色曲线效果

图3-74　朦胧彩铅效果

颜色曲线，雨中，睡莲花，水面，一只小船，撞色

朦胧彩铅，深色背景，强光，下边一个人物，超细腻的线条感，梦境中出现的场景，荧光，超梦幻风格，超高清画质，华丽，绝佳光影，留白

（13）蜡笔彩墨：蜡笔彩墨效果结合了蜡笔和彩墨的质感，创造出具有丰富纹理和鲜明色彩的作品。这种技法适用于表现生动和表现力强的场景，如儿童插画、自然景观或任何色彩丰富的主题。运用蜡笔彩墨效果的作品特点是色彩鲜艳、笔触粗犷，能够结合蜡笔的不透明质感和彩墨的流动性，创造出既具有深度又充满活力的视觉效果（图3-75）。

图3-75　蜡笔彩墨效果

蜡笔彩墨，极简构图，青金石，荧光金色的背景，生物自发光，一只可爱小猫的背影，高级构图，非常好看的画面

（14）淡雅简约：淡雅简约效果的特点是清新、简洁的构图和温和的色调，适合用于创作时尚插画以及现代抽象艺术。这种风格通常采用低饱和色彩和大面积的单色背景，通过精细的线条和简化的形状来表达画面内容。运用淡雅简约效果的作品强调空间感和留白，通过最少的视觉元素达到最大的视觉效果，非常适合表现高雅与现代感（图3-76）。

（15）古韵留白：古韵留白是一种借鉴中国传统水墨画中的留白技法，强调通过未涂色的空白部分来增强艺术表现力和视觉冲击力的效果。这种效果适合用于描绘具有东方美学特色的自然景观、古典人物或简约花卉（图3-77）。

图 3-76 淡雅简约效果

图 3-77 古韵留白效果

淡雅简约，远景，极简，光影，线条，树林中的马，不同的绿色，by Pierre Soulages

古韵留白，干净明亮，极简构图，湖面，星星，芦苇，仙鹤，亭台楼阁，蓝色，黄色

第4章
新国风审美解读

新国风审美作为一种将传统文化元素融入现代设计语境中的艺术形式，不仅是对传统美学的一种继承，更是一种创新和发展。在奇域 AI 的帮助下，艺术家和设计师能够更精准地控制和实现这一审美理念。本章重点讨论在创作过程中如何辨识和利用典型的审美元素，并探讨如何通过光影的运用赋予画面生动感。

一 辨识典型审美元素

在新国风的创作中，首先需要辨识并选取能够代表中国传统文化精髓的典型审美元素。

插画中常见的中国传统符号和图案，不仅能增添作品的文化氛围，还能传递丰富的象征意义。以下是在插画作品中特别受欢迎，能够体现中国文化特色的传统元素。

1. 中国传统符号和图案

（1）熊猫：中国的国宝，象征友好和和平，常见于代表中国文化的插画中。

（2）云纹：象征吉祥和长久，云纹图案常见于古代青铜器、瓷器和建筑装饰中。

（3）灯笼：象征光明、希望和团圆，常用来营造节日的喜庆气氛。

（4）扇子：象征文雅和风度，也富含诗意，常见于表现古典美的插画作品。

（5）长城：象征中国的历史和文化，代表坚韧和不屈的民族精神。

（6）茶文化：象征闲适和清雅，插画中常通过茶具和茶叶来体现。

（7）京剧脸谱：富有表现力的传统艺术形式，常用于描绘戏剧和文化主题。

（8）青花瓷：中国瓷器美学的代表，常用其图案作为装饰元素。

（9）中国结：象征吉祥如意和美好的愿望，常用作装饰和礼品。

（10）竹子：代表坚韧和诚实，常用来突显文人墨客的风骨。

（11）莲花：象征纯洁和高雅，常用于表现佛教主题或清新脱俗的氛围。

（12）书法：书法字体本身就是艺术作品，常被融入插画中，增加艺术感。

（13）园林景观：中国古典园林具有精致和雅致的特点，如苏州园林。

（14）风筝：象征自由和愉悦，常在描绘春日或儿童乐趣的场景中出现。

（15）门神、春联：象征新年，常用于营造传统春节的氛围，有保平安的寓意。

（16）仙鹤：在中国文化中，仙鹤象征长寿和吉祥，常见于表现宁静自然场景的插画中。

（17）寿山石：象征财富和地位，常见于表现文人雅集的场景。

（18）葫芦：象征健康和长寿，也有辟邪的含义，适合用于增添吉祥气息的插画。

（19）文房四宝（笔、墨、纸、砚）：象征文化和学问，适合用于强调学术氛围的插画。

（20）石狮子：象征权威和保护，常放置于重要建筑的门前。

（21）太极图：代表阴阳平衡，适用于表现和谐与哲学思考的主题。

（22）飞檐：特有的中国古建筑风格，象征中国古典建筑之美。

（23）古筝：中国传统乐器，象征艺术和文化的传承。

（24）印章：在中国文化中，印章是权威和身份的象征。

2. 中国传统经典色彩

在探索中国丰富多彩的文化遗产中，色彩无疑占据了极为重要的位置。中国传统经典色彩，不仅是视觉上的美感呈现，更蕴含着深厚的文化意义和历史情感。从古朴的陶器到精致的瓷器，从华丽的宫廷装饰到素雅的文人风尚，每一抹色彩都讲述着一个故事，映射出一个时代的风貌和审美追求。以下将列举一些代表中国传统的经典色彩（表4-1）。

（1）中国红：象征喜庆、热情和勇气，是中国传统色彩中最具代表性的颜色之一。

（2）朱砂红：属于深红色，带有一丝暖意，常用于印章，象征着权威和尊贵。

（3）花青：一种深蓝或青黑色，源于古代的植物染料，象征着沉稳和雅致。

（4）宫廷黄：明亮的黄色，是皇家专用色，代表权力和尊贵。

（5）翠绿：鲜艳的绿色，象征生命力强盛和大自然的生机。

（6）桃花粉：淡粉色，温柔而浪漫，象征着春天的到来和年轻女性的美丽。

（7）墨黑：深沉的黑色，源于中国传统的墨汁，象征着深邃和稳重。

（8）碧玉绿：清新明亮的绿色，如同碧玉般细腻，象征着清雅和纯洁。

（9）藏蓝：深蓝色，带有一点紫色的冷调，象征着沉静和深远。

（10）胭脂红：鲜艳的红色，源于传统的胭脂，象征着美丽和活力。

（11）杏黄：淡黄色，温暖舒适，常用来描绘温馨的家居生活。

（12）铁锈红：一种深红或棕红色，如同铁锈的颜色，象征着历史的沉淀。

（13）靛青：深蓝色，由靛蓝染制而成，象征着宁静和沉稳。

（14）象牙白：温润的白色，类似于象牙的颜色，代表着高贵和纯净。

（15）雪青：淡蓝色，清新而宁静，象征着冬日的雪景和寒冷的美。

（16）琉璃蓝：鲜亮的蓝色，如同琉璃器皿的颜色，象征着清凉和透明。

（17）草木灰：自然的灰色，带有一点绿色调，象征着自然和平和。

（18）粉藕色：淡淡的粉红色，如同莲藕的颜色，象征着含蓄和柔美。

（19）金黄：亮丽的黄色，代表财富和富裕，常用于描绘贵重物品。

（20）苍黄：古老的黄色，带有时间的痕迹，象征着历史的沧桑和记忆。

表4-1　中国传统色彩色号

序号	颜色名称	RGB色号	CMYK色号
1	中国红	（204, 0, 0）	（0, 100, 100, 20）
2	朱砂红	（237, 85, 59）	（0, 64, 75, 7）
3	花青	（54, 33, 89）	（39, 63, 0, 65）
4	宫廷黄	（255, 241, 0）	（0, 5, 100, 0）
5	翠绿	（0, 158, 96）	（100, 0, 60, 38）
6	桃花粉	（237, 122, 155）	（0, 49, 35, 7）
7	墨黑	（46, 46, 46）	（0, 0, 0, 82）
8	碧玉绿	（126, 211, 33）	（40, 0, 84, 17）
9	藏蓝	（47, 81, 158）	（70, 49, 0, 38）
10	胭脂红	（222, 63, 81）	（0, 72, 64, 13）
11	杏黄	（255, 183, 76）	（0, 28, 70, 0）
12	铁锈红	（167, 85, 2）	（0, 49, 99, 35）
13	靛青	（19, 72, 104）	（82, 31, 0, 59）
14	象牙白	（255, 254, 240）	（0, 0, 6, 0）
15	雪青	（102, 204, 204）	（50, 0, 0, 20）
16	琉璃蓝	（0, 102, 204）	（100, 50, 0, 20）
17	草木灰	（150, 173, 150）	（13, 0, 13, 32）
18	粉藕色	（238, 208, 204）	（0, 13, 14, 7）
19	金黄	（255, 223, 0）	（0, 12, 100, 0）
20	苍黄	（196, 181, 90）	（0, 8, 54, 23）

　　宋代是一个文化艺术鼎盛的时期，其绘画作品以其精致的细节、淡雅的色彩和深远的意境著称于世。在宋代画家的笔下，无论是山水、花鸟，还是人物，都被赋予了细腻而深邃的色彩，使画面既真切又超然。透过宋画作品中的经典色彩，可以感受那个时代独有的美学魅力，并为自己的新国风AI绘画创作打下审美基础（图4-1）。

图4-1

图4-1 宋画作品

中国传统经典颜色除了可以从经典名画中提取，还可以通过以下几个途径来探索。

（1）自然景观：中国广袤的土地上，自然景观多样，四季变换无穷，从春天的桃花粉红、夏天的荷叶绿、秋天的枫叶红到冬天的雪白，都可以提取成为独特的颜色，反映自然之美。

（2）传统服饰：传统服饰，如汉服、唐装等，它们所使用的颜色不仅体现了古人的审美趣味，也蕴含着丰富的文化象征意义。例如，宫廷服饰中的宫廷黄、明清官服的朱砂红等，都是具有代表性的传统色彩。

（3）古建筑和雕塑：古代寺庙、宫殿的建筑装饰和壁画、石雕、木雕中的颜色，如故宫的金碧辉煌、敦煌壁画的丰富色彩等，都是研究和提取中国经典颜色的重要来源。

（4）陶瓷和瓷器：中国的陶瓷艺术世界闻名，不同的陶瓷釉色，如青花瓷的靛青、汝窑陶瓷的天青色等，都是经典的中国色彩。

（5）纸墨：墨色的深浓变化，宣纸不同程度的白，以及不同墨水和着色剂的颜色，都能反映中国传统文化的色彩审美。

（6）民间艺术：剪纸、年画、灯笼、风筝等民间艺术品中常用鲜艳的色彩，如剪纸的朱红、年画中的桃红柳绿，也是中国经典颜色的重要体现。

（7）节日与习俗：不同节日中使用的颜色，如春节的红色、端午的艾绿和中秋的月白，都是具有浓厚文化氛围的经典色彩。

（8）饮食文化：中国饮食文化中，茶的各种色泽，以及特定食物的色彩，如茶绿、豆沙红等，也是中国传统色彩的一部分。

中国传统颜色不仅蕴含着深厚的文化意义，还承载着历史的记忆。许多经典颜色都蕴藏在丰富的文物中，这些文物不仅是中国古代文明的见证，还是中式审美的精粹所在。从古代陶器的温润之色到宫殿建筑的金碧辉煌，从古籍书画的墨韵到丝绸织品的艳丽，每一种颜色都讲述着一个故事，映射出一个时代的风貌。

青铜器的古铜色是中国青铜器特有的色泽，经过长时间的氧化形成一种深沉而稳重的绿色，象征着中国古代文明的力量和智慧（图4-2）。

兽面纹三足杯

文物号	新00104810
分类	铜器
年代	商
颜色	●●●●●

图4-2 青铜器的古铜色

汉白玉质地细腻温润，其洁白无瑕的色泽被广泛用于皇家建筑和雕塑，代表着纯洁高雅的审美追求（图4-3）。

白玉镂雕蟠螭云纹璏

文物号	故00084480
分类	玉石器
年代	汉
颜色	●●●●●

图4-3 汉白玉的洁白

青花瓷是中国瓷器的代表之一，其明亮的白底上绘制着青色花纹，展现了中国瓷器的精湛技艺和独特风格（图4-4）。

青花竹石缠枝莲双凤纹带盖执壶

文物号	新00074807
分类	陶瓷
年代	元
颜色	●●●●●

图4-4　瓷器的青花色

古代壁画常用丹青两色，这种鲜艳的红绿对比，给人以强烈的视觉冲击，反映了古人对色彩的大胆运用和审美追求（图4-5）。

宋人观音菩萨坐像壁画

文物号	新00148929
分类	绘画
年代	宋
颜色	●●●●●

图4-5　壁画的丹青色

朱红色是中国漆器上常见的颜色，代表喜庆和吉祥，其鲜艳的色泽在漆器的表面显得尤为突出和珍贵（图4-6）。

乾隆款剔红云龙纹碗

文物号	故00109173
分类	漆器
年代	清乾隆
颜色	●●●●●

图4-6　漆器的朱红色

中国书法以墨色的深浅和浓淡展现字的韵味，墨色的深邃不仅体现了书法艺术的精神内核，还寄托了书写者的情感与修养（图4-7）。

图4-7 书法的墨色

中国丝绸以其色彩艳丽、手感柔软而闻名于世，丝绸上的各种颜色，如碧绿、大红、宝蓝、明黄等，展现了丝绸之路上的文化交流和艺术融合（图4-8）。

图4-8 丝绸的艳丽

玉器是中国古代贵族的重要饰品，其翠绿色泽象征着财富和权力，同时也寓意着美德和长寿（图4-9）。

图4-9 玉的翠绿

在文物中提取的经典颜色，不仅可以窥见中国古代社会的生活面貌和审美趣味，还能深刻理解中国传统文化中色彩运用的独特方式和深远意义。这些颜色，作为中国传统文化的重要组成部分，继续在当代的设计和艺术创作中发挥着重要作用，激发着现代人对美的追求和创新的灵感（图4-10）。

乾隆款画珐琅西番莲纹椭圆瓜棱式盒

文物号	故00116530
分类	珐琅器
年代	清乾隆
颜色	

明黄色纳纱绣彩云金龙纹男单朝袍

文物号	故00041899
分类	织绣
年代	清雍正
颜色	

嘉庆款五彩龙凤纹碗

文物号	故00161189
分类	陶瓷
年代	清嘉庆
颜色	

图4-10　文物中的经典颜色

3. 传统材质和纹理

在利用奇域 AI 开始创作之前，要明确自己希望作品呈现哪种传统材质或纹理的效果，如宣纸的质朴、丝绸的光泽、漆器的深邃等。这一步是为了确保咒语的精准度，可以在不使用风格词的基础上，实现创作者想要的画面质感，让奇域 AI 更好地理解创作者的创作需求。根据所选的传统材质或纹理，编写描述性强、具体明确的指令。

指令示例：在一张质地细腻的宣纸上，以水墨为骨，绘制一池荷花，荷叶间露水晶莹，荷花瓣如丝绸般柔滑，水墨的流动仿佛随风轻摆，展现出宣纸独有的吸墨效果和水墨的渗透感，请在荷花细节上加入丝绸般的光泽感。

这个指令明确指出了所需的材质（宣纸）和纹理（水墨荷花、丝绸光泽），并具体描述了希望奇域 AI 模拟的效果，如"宣纸独有的吸墨效果"和"水墨的渗透感"。同时，通过要求在荷花细节上加入"丝绸般的光泽感"，引导奇域 AI 在保留传统水墨画韵味的同时，融入现代审美，创造出一幅兼具传统与现代感的艺术作品（图4-11）。

图4-11　明确材质和纹理的作品

以下是一些代表中国传统的材质和纹理：

（1）材质。

①宣纸：适用于中国水墨画，它的纤维质地能够很好地吸收墨水，使墨水展开流畅，呈现出独特的东方美学韵味。

②丝绸：丝绸的细腻光滑表面可使颜料层次分明，色彩鲜艳而富有光泽，展现出柔和的视觉效果。

③其他丝织物：精细的丝织物常用于高级和宫廷绘画，能够展现细腻的线条和柔和的色彩。

④金箔：在宗教美术作品和皇家肖像画中常见，金箔能够为作品增添华贵和神圣的气氛。

（2）纹理。

①水墨渗透：特指在宣纸上用水墨所创造出的渗透、晕染效果，这种纹理在中国画中极为常见，能够呈现出自然流畅的美感。

②丝绸光泽：丝绸特有的光滑质地和细腻光泽，在传统的绢画中被广泛运用，给人一种温润柔和的视觉享受。

③木纹：木材自然的纹理，在古典家具和木板画中经常见到，其纹理线条能够增加作品的质感和层次感。

④石刻纹路：在石刻艺术中，石材的自然纹路和裂缝被巧妙利用，为作品增添了岁月感和历史厚重感。

⑤金属锻造纹理：通过金属加工技术制成的锻造纹理，常见于装饰艺术品和古代盔甲武器，反映了精湛的工艺技术。

⑥织物编织：布料的编织纹理，如亚麻、麻布等，这种纹理在静物画中经常被细致描绘，展示出物品的质地和温度。

⑦裂纹和斑驳：模拟老墙、古物表面的裂纹和斑驳，这种纹理能够给画面带来时间的痕迹和故事感。

⑧书法笔触：书法艺术中的笔触纹理，尤其是用笔锋留下的独特痕迹，反映了东方艺术的灵动和节奏感。

⑨天然石和宝石纹理：如大理石、玉石等天然石材的纹理，以及宝石如玛瑙、翡翠的光泽和色彩，常用于表现珍贵的物品和装饰细节，增添作品的奢华感。

⬛ 利用光影赋予画面生动感

在中国绘画中，光影的处理和色彩的应用与西方绘画有所不同，更侧重于表达一种内在的情感和意境，以及对自然现象的哲学理解。在奇域AI绘画创作中，利用光影赋予画面生动感，尤其是与传统元素的结合，可以创造出充满现代感而又不失传统韵味的新国风绘画作品。

1.光影与传统元素的结合

在奇域AI中，通过精心设计的咒语指导AI捕捉和再现光影效果，能够让表现对象如山水、花鸟、人物等呈现出更为生动和立体的效果（图4-12）。例如，在描绘山水画时，通过模拟日出或日落时分的光影变化，可以使山川的轮廓更加鲜明，水面的反光更加逼真，从而增强画面的层次感和空间感。在这一过程中，光影不仅是视觉效果的再现，更是情感和意境传达的重要手段。

图4-12 光影与传统元素的结合

陈家泠，岩彩板绘，水墨意境，方力军的风格，日落，水面反光，一片巨大植物的叶脉和中国山水融合的抽象特写，一群小燕子在飞，中式风格，X射线，草绿色，黄绿色，深浅不一的绿色，大面积的留白，合理荒诞的构图，中国传统风格，禅宗，空灵，极简主义，远景对比，虚实，插图风格，奇幻自然景观，轻烟，朦胧，绝美光影

2.光影与色彩的互动

在新国风绘画创作中，光影与色彩的互动尤为关键。通过奇域AI，我们可以探索光影对色彩的影响，还可以利用这一关系来加强作品的表现力。例如，光线直接照射的部分，色彩可以更加鲜明和温暖；而在阴影部分，色彩则可以偏冷和深沉。这种对比不仅增加了视觉的冲击力，还使画面呈现出更为丰富的情感层次。

通过对光影与色彩关系的探索，奇域AI可以帮助创作者在维持传统美学特征的同时，引入现代视觉语言，创造出既有传统韵味又符合现代审美的艺术作品。想象一个场景，使用奇域AI创作一幅描绘早晨轻雾缭绕的江南水乡，在不用添加风格词的基础上，可以编写如下咒语："在晨光初露的江南水乡，轻雾缭绕，温暖的阳光从东方缓缓升起，照亮了小桥流水边的垂柳和远处的粉墙黛瓦。请捕捉这一刻光影与色彩的和谐交融，用水墨风格绘制，同时在阳光照射的部分加强色彩的饱和度，营造出一个宁静而充满生机的画面。"在光影与色彩的互动下，即可获得一幅新国风绘画作品（图4-13）。

图4-13 光影与色彩的互动

☰ 掌握构图方法

1.构图方法口诀

对称构图最协调，对比构图冲击力。

引导视线引导线，框架构图有重点。

分层构图前中后，拍摄善用点构图。

三分构图最常见，重复元素最有序。

动态构图有活力，中央构图吸引力。

留白构图简洁性，几何形状有创意。

2.构图万能词

构图万能词有：拼贴构图、三分构图、海报构图、分散式构图、对称构图、分层构图、动态构图、中央构图、几何形构图、极简构图、四宫格构图、九宫格构图、鸟瞰图、俯视图、正视图、侧视图、特写镜头。

第 5 章

**高级技巧：细节处理
与创意表达**

CHAPTER 5

一 处理细节的技巧

1. 观察与描绘

使用奇域AI时，创作者首先需要输入具体的指令或关键词，准确描述所想要描绘的场景和对象的特点。这要求创作者具备敏锐的观察力，能够精确地捕捉和表达对象的细微之处。

例如，想要一只老虎为主题的画面，先确定主元素为"老虎"，辅助画面为"草丛、花卉"；然后确定想要的画面风格，如国画水墨风格"黄永玉"（图5-1）。生成后如果觉得画面过于单调，可以在颜色和表现手法上进行添加，如"鲜艳的颜色，美丽的线条，复杂线条"（图5-2）。

平时要针对不同的画面风格和元素进行练习，关注画面的风格、结构和质感。使用多种风格词尝试，捕捉和记录不同风格词在主元素中呈现的特点。观察生成的画面，了解不同风格词对对象造型的影响。

图5-1 老虎主题绘画之一

黄永玉，老虎，草丛，花卉，丰富的颜色，超多细节，高质量

图5-2　老虎主题绘画之二

黄永玉，一只老虎，鲜艳的颜色，美丽的线条，复杂线条，森林背景

2.层次分明

在奇域AI中，通过添加风格词和咒语，如艺术风格、景深效果、颜色深浅等，可以模拟出不同的层次感（图5-3~图5-6）。艺术家需要掌握如何通过风格词和咒语调整这些参数，以达到预期的视觉效果。

在构图时，明确前景、中景、背景，通过景深、色彩、明暗和细节的变化区分不同层次。使用透视法增强画面的空间感，让观众的视线可以在画面中自然流动。还可以利用波点元素或其他构成元素来增加画面层次。同时，可以利用色彩的冷暖对比和明暗对比来强化画面的深度感。

图5-3　有层次感的作品之一

意境水墨，张克纯，陈家泠，平面，远山，近景有树和湖，中景是一艘船，禅意山水，景观，江南，克林姆特，粉黛，水蓝色，柔软边缘，平面，空灵，超级广角，大面积留白

图5-4　有层次感的作品之二

新工笔，克林姆特，前景窗景，中景苏州园林，太湖石，亭子，淡蓝色，粉色，大面积留白，远景，大场景，景深构图，中式审美，中式极简主义，丰富的细节，细腻的线条，湿墨，渐变晕染，平面构成，几何构成，层次透明，层次渐变，朦胧质感，X射线，相机底片

图5-5　有层次感的作品之三

　　陈家泠，星汉灿烂，大场景，空景，缥缈，东方极简，詹姆斯·特瑞尔，中式山水画，水墨，一个亭子，写意山水，高清，楼梯，东方美学，薄荷绿，淡粉，空间感，有层次感，景深，光感，反光

图5-6　有层次感的作品之四

　　层次版画，金箔银箔，鎏金，Brandon Mably，草间弥生风格，陈家泠，点线面结合，构成感，空灵，孤寂，平视角，色块插画，紫色，荧光色，清晰的笔触，肌理感，扎染，山水，中式建筑

3. 细节与整体的协调

在生成初步作品后，艺术家可以进一步编辑和调整，确保细节的加入不会破坏整体的和谐。包括对奇域AI生成的作品细节进行精细调整（"作品微调"）或去除不必要的元素（"局部消除"），以保持作品的整体美感。例如此画面中黄色的波点球抢了主体猫咪的视觉效果，可以使用"局部消除"，点击生成作品（图5-7）。

图5-7 使用"局部消除"调整细节

4. 适度留白

在中式审美中，适度留白是一种非常重要的艺术表现手法，它不仅是简单的空间留白，更是一种含蓄、深邃的哲学思想。留白能够赋予作品更多的想象空间，让观众在欣赏作品的过程中有更多的心灵体验和情感共鸣。这种艺术表现手法，源自中国古代画论中的"虚实之道"，强调"有中生无，有形生意"的审美观念（图5-8）。

图5-8 适度留白的中式审美

陈家泠、倪传婧、玻璃糖纸、乳白、大面积留白、透视图、精致的特征、鸟瞰图、背景是草地、大好河山、俯视、高清、粉色

▤ 增加肌理

在使用奇域AI绘画时，增加肌理是一种可以提升作品质感、增强视觉效果的高级技巧。肌理不仅可以为画面带来丰富的触感和层次，还能增加作品的表现力和深度，让作品显得更加生动和真实。以下是一些增加肌理的技巧，有助于创作者在奇域AI绘画中创作出具有丰富质感的艺术作品。

1.明确肌理的目的

在增加肌理之前，要先明确希望通过肌理达到什么样的视觉效果和情感表达。是想要增加自然元素如树木、岩石、天气的真实感（图5-9）？还是希望通过粗糙或细腻的质感来表达特定的情绪（图5-10）？明确、清晰的画面目标，可以帮助选择和应用肌理。

图5-9 利用肌理增加真实感

岩彩板绘，插画，扁平风，甜美浪漫，线构，对角线构图，深绿色的山，白色的山，黄色的天，黄色的水，高山，平原，由高而下自东向西的海浪，细碎螺钿拼接，配闪粉，莫奈花园油画质感，水性元素与金性元素融合，海性元素与木性元素融合，阆川，九歌，幽州，浮生，落苏，灵犀，甜美浪漫

图5-10 利用肌理表达情绪

肌理磨砂，冬天的故宫庭院，下雪，中式建筑，中式园林，放鞭炮，过年，一些人群，阳光折射出靓丽的色彩，威严，亮色调，白色，中国红，白色，黑色，大面积留白，禅宗，波点，大大小小的圆点，极端视角，草间弥生，极简主义，构成主义，中国日报风格，精致的细节，极简主义，令人惊叹的细节

2. 利用奇域 AI 的特性

在绘画技法中，不同的材料和手法可以创造出独特的肌理效果。以下是一些常见的绘画技法及其相关的肌理效果，能够帮助用户在奇域 AI 创作中寻找灵感。

（1）干刷：使用干燥的画笔在粗糙的画纸或画布上轻轻刷过，创造出一种有着明显纹理感的效果，适合表现树皮、石墙等自然质感。

（2）湿画：在湿润的画布或纸上施加颜料，让颜色自然流淌融合，创造出柔和渐变的肌理效果，常用于水彩画中，模拟天空、水面等元素。

（3）点彩：通过一点一点地施加颜料构建图像，可以创造出丰富的质感和深度，适合表现光影和细微的质地变化。

（4）刮痕：在还未干透的厚重颜料层上刮出线条或图案，揭露下层的颜色或底色，创造出有力度的纹理效果，适合表现粗糙的表面或强调结构。

（5）拖抹：在干燥的底层上用干画笔轻轻拖动颜料，创造出轻柔而富有层次的纹理，适合渲染云彩、烟雾等效果。

（6）覆盖：在干透的颜色层上叠加透明或半透明的颜料层，可以增加画面的深度和光泽感，创造细腻的视觉效果。

（7）压印：使用厚重的颜料直接施加到画布上，创造出丰富的立体感和质感，特别适合表现光线的反射和阴影效果。

（8）拼贴：将不同材质的纸张、织物等粘贴到画布上，结合绘画创作，可以产生独特的质地和层次感。

（9）喷洒：用刷子或其他工具将颜料喷洒到画面上，创造出随机而自然的纹理，适合模拟喷溅的水、泥土飞溅等效果。

（10）蜡笔抵抗：先用蜡笔在画纸上绘制，然后覆盖水彩或墨水，蜡笔涂抹部分会抵抗水性颜料，形成有趣的纹理对比。

这些绘画技法和相关肌理效果在奇域 AI 绘画创作中同样适用。通过指令引导 AI 模拟这些技法，可以在数字艺术作品中实现传统绘画的质感和深度，为作品赋予更加丰富和生动的视觉效果。

3. 组合使用肌理

奇域 AI 提供了预设的肌理效果，如"岩彩板绘""肌理磨砂""流体油画""刺绣""浓郁漆画"等，将这些肌理效果的风格词搭配使用，可以使画面效果更丰富。

在一幅作品中组合使用不同的肌理效果，可以创造出更为复杂和层次丰富的视觉效果（图5-11、图5-12）。例如，在描绘企鹅站在冰面上的画面时，可以同时使用"岩彩板绘"和"陈家泠"，分别用以增加冰和水的质感，再用"新工笔"增强材质的对比和真实感（图5-13）。

图5-11　组合使用不同的肌理效果之一

图5-12　组合使用不同的肌理效果之二

肌理磨砂，浓郁漆画，黑色的山峰，龙在飞，流淌着多彩的瀑布，瀑布边缘发光，一条透明发光的中国龙，黑色调，黑色天，圆月，纯黑色，纯黑色物体，极简构图，只有瀑布发光，肌理磨砂，浓郁漆画，禅意，大面积黑色，生物发光，边缘发光，弥散渐变，詹姆斯·特瑞尔，极简主义，勾线龙

肌理磨砂，刺绣，粉红色，绿色，鲜艳的颜色，中式花瓶，中式器皿，带有花纹，平面海报，扁平风，阳光折射出靓丽的色彩，大面积留白，禅宗，波点，极端视角，克林姆特

4.进行后期调整

生成作品后，可以通过后期编辑软件进行细节调整，如调整肌理的亮度、对比度、饱和度等，以达到最满意的视觉效果（图5-14）。

图5-13 组合使用不同的肌理效果之三

新工笔，岩彩板绘，陈家泠，雪白无垠的冰原，冰山雄伟挺立，海面中心漂浮着一个冰块，企鹅在上面爬着，风格空灵的插图，深蓝色和浅蓝色，广角，深远，最佳质量，大师构图，超高分辨率

图5-14 色调对比度调整前（左）后（右）对比

三 提升创意表达的方法

1.深入探索奇域AI的创作潜力

多样化的咒语可以使奇域AI生成更丰富和意想不到的艺术作品。通过尝试向奇域AI提供不同类型的风格词，如加入参考图、文字描述（咒语）、颜色搭配等，探索奇域AI对不同指令的反应和创作潜力（图5-15、图5-16）。深入了解奇域AI提供的各种参数设置，通过调整这些参数（如风格词搭配、明暗对比度、饱和度等），观察它们对最终作品风格和效果的影响，从而精细控制作品的创意表达。

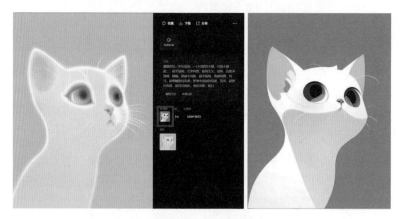

图5-15 加入参考图

图5-16 获得创意效果

朦胧彩铅，色块插画，一只可爱的小猫，可爱大眼睛，扁平插画，完美构图，极简主义，刘野，治愈系插画，朦胧，扁平风格，海报构图，特写，超细腻的线条感，梦境中出现的场景，荧光，超梦幻风格，超高清画质，绝佳光影，留白

2.结合传统艺术和现代审美

传统与现代的结合，利用奇域AI的能力，将传统艺术形式和现代设计理念相结合，创作出既保留传统美学精髓又符合现代审美的艺术作品。例如，将传统水墨画风格与当代抽象艺术相结合，创造出独特的视觉语言（图5-17、图5-18）。

图5-17　传统水墨画风格与当代抽象艺术相结合之一

陈家泠，岩彩板绘，水墨意境，青花瓷纹路，中式风格，X射线，精致的特征，流体，滴落，大面积留白，荒诞的构图，中国传统风格，禅宗，空灵，极简主义，构成主义，精确，方力钧风格，超逼真的细节，超高清，大小对比，远景对比，虚实，梦幻，轻烟，朦胧，水晶玻璃，发光板，亚克力，绝美光影

图5-18　传统水墨画风格与当代抽象艺术相结合之二

　　水墨意境，方力钧的风格，一片巨大植物的叶脉和中国山水融合的抽象特写，中式建筑，火车，轨道，中式风格，X射线，透视图，精致的特征，蓝与黑，大面积留白，中国传统风格，禅宗，空灵，极简主义，构成主义，超逼真的细节，超高清，大小对比，远景对比，虚实，插图风格，奇幻自然景观，生物学发光，水晶发光，梦幻，轻烟，朦胧，水晶玻璃，绝美光影，陈家泠，岩彩板绘

3. 提升故事性和情感表达

提升故事性可以通过构建丰富的故事背景来实现。在编写咒语时，不仅要描述画面的细节，还要构思作品背后的故事和情感，使奇域 AI 创作的不仅是一幅画，还是一个能够引起共鸣的故事。

通过情感色彩的应用可以提升画面情感的表达，在咒语中加入情感色彩的描述，比如温馨、忧郁、活泼、神秘等，引导奇域 AI 更好地捕捉和表达这些情感，使作品能够触动人心（图 5-19）。

图 5-19　用色彩提升情感的表达

朦胧彩铅，治愈水粉，色块插画，翻腾凶猛的海浪，一个小女孩孤独地站在沙滩上，背影，大面积留白，完美构图，极简主义，忧郁蓝色调，刘野，治愈系插画

4. 推动艺术实验与作品迭代

第一，探索跨媒介艺术融合，利用奇域 AI 作为跳板，尝试将数字艺术与传统艺术形式（如油画、雕塑、版画等）相融合。跨媒介的实验不仅可以产生新的视觉效果，还能为艺术表达开辟全新的维度。例如，先用奇域 AI 创作出初步的视觉概念，

再将这一概念转化为实体艺术作品；或者反过来，将传统艺术作品的元素转化为数字艺术语言。

第二，持续反馈循环优化，将奇域AI创作视为一个动态的、可迭代的过程。基于每次创作的结果，细致分析作品的亮点与不足，然后在咒语中进行相应的调整，再次生成，如此循环，或对满意的作品做风格延伸。通过不断地实验和探索，使最终作品不断接近甚至超越最初的创意设想。

第三，跨界合作与共创，邀请来自不同领域的创作者参与同一AI艺术项目。在频道中的灵感共创中，不同背景的艺术家可以从不同的角度解读同一主题，集合多方的创意和技术，共同创作出独一无二的艺术作品（图5-20）。

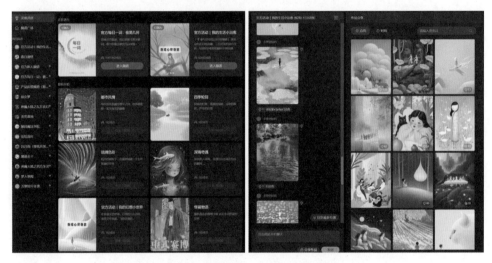

图5-20　官方活动——我的生活小治愈

通过不断地探索跨媒介融合、反馈循环优化以及跨界合作与共创，奇域AI不仅是创作工具，更是推动艺术实验和作品迭代的加速器。这种持续的探索和实践，能够极大地丰富艺术表达的层次和深度，让艺术作品在创新中绽放新的光彩。

第 6 章
主题多样性的探索与
表达

CHAPTER 6

运用同一元素主题通过不同的表现方式进行艺术创作，不仅是掌握和理解各种艺术风格的有效方法，也是探索和发现个人艺术倾向的重要过程。这种练习方式能够帮助艺术家或设计师拓宽创作视野，同时深化对特定元素或主题的理解和表达。以下是不同风格表达下的主题画面。

🔴 龙的探索与表达

1. 表现主义风格的龙

在表现主义风格的龙作品中，龙的形象以强烈而富有表现力的方式呈现，利用漆画的质感，配合深色背景，可以增强视觉冲击力和情感表达的深度。龙的特征通过夸张和强化的线条与轮廓来描述，体现出动态和情感的张力。整个作品的构图旨在引发观者的情感共鸣，通过龙的表情和姿态传达强烈的情感和象征意义，如力量、自由或挑战（图6-1）。

2. 未来主义风格的龙

通过奇域AI，创作出一幅结合科幻和未来主义元素的龙年艺术作品。在这种表达中，龙可能被描绘成机械化或数字化的生物，展现科技与传统神话的融合（图6-2）。

3. 抽象艺术风格的龙

创作一幅抽象艺术风格的龙，通过抽象的形式和色彩来探索和表达龙的神秘和力量。使用非具象的形式，以简化的线条来构建龙的形象。色彩上采用鲜明对比的调色方案，以增强视觉冲击力。将龙的传统特征如鳞片、爪子和尾巴抽象化，用符号和形状的叠加来表现。通过动态的构图和流动的线条，传递龙在中国传统文化中象征的力量感和灵动性（图6-3）。

图6-1 表现主义风格的龙

　　黑色的山峰，龙在飞，流淌着多彩的瀑布，瀑布边缘发光，一条透明发光的中国龙，黑色调，黑色天，圆月，纯黑色，纯黑色物体，极简构图，只有瀑布发光，肌理磨砂，浓郁漆画，禅意，大面积黑色，生物发光，边缘发光，肌理磨砂，弥散渐变，James Turrell，极简主义，大师构图，细碎螺钿拼接，勾线龙

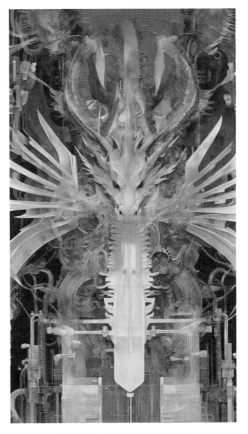

图6-2 未来主义风格的龙

　　机械重工，龙，切片，肌理磨砂，透明，高度透明，解构主义，极简主义，Nick Veasey，空山基金属，白色，蓝色，神性，力学，光纤，虚拟现实，数码字符，线条，中式意境，情绪张力，超现实主义，暗黑魔幻，64K，大师作品，更高质量，高细节，超高分辨率，留白，描金

图6-3 抽象艺术风格的龙

极简，大面积不规则留白，一条中国龙，宫殿，山川，晕染，肌理磨砂，辛烷值渲染，32K，空蒙，粉色，克莱因蓝色，半透明，朱德群，大师级构图

4.水墨风格的龙

在水墨风格的龙作品中，龙的形象通过传统的水墨画技巧被表现出来，画面强调简洁而富有力度的笔触和流动性。这种画作通常采用浓淡不同的墨色来表现龙的动态美。通过水墨的渗透和扩散效果，创造出一种朦胧而神秘的氛围，使龙仿佛在画中自由游动。这种风格的作品不仅展示了水墨艺术的深邃与雅致，也让观者感受到龙在东方文化中的深刻象征意义（图6-4）。

图6-4 水墨风格的龙

黄永玉，吴冠中，一条中国龙，草间弥生风格，丰富的颜色，超多细节
负向咒语：多爪子，多尾巴，多头，不协调

5. 波普艺术风格的龙

通过波普艺术风格来重新诠释龙的形象，采用鲜明的色彩和简化的图形线条，强调视觉冲击力和图像的即刻识别度。通过平面化的风格和对比鲜明的颜色来呈现龙的经典元素，如鳞片和角，并尽可能地融入中式元素，以增强其文化属性。画作不仅展示了现代感，还保持了与传统文化的联系，激发观者对龙的象征意义的兴趣和思考（图6-5~图6-8）。

图6-5　波普艺术风格的龙之一

白色干净背景，一条巨大的粉红色龙，笑脸龙，粉色，红色，极简构图，大面积留白，草间弥生，artistic ink painting，岩彩板绘，中式建筑

图6-6　波普艺术风格的龙之二

白色干净背景，一条粉红色的龙盘在山水中间，草间弥生，artistic ink painting，岩彩板绘，山水背景，粉红色

负向咒语：多爪子，多尾巴，多头，不协调

图6-7　波普艺术风格的龙之三

白色干净背景，一条巨大的粉红色龙，四个龙爪，中国龙，粉色，金色，绿色，极简构图，大面积留白，草间弥生，artistic ink painting，岩彩板绘

负向咒语：多爪子，多尾巴，多头，不协调

图6-8　波普艺术风格的龙之四

金箔银箔，鎏金，鎏银，Brandon Mably，草间弥生风格，陈家泠，点线面结合，构成感，空灵，孤寂，平视角，色块插画，黄色，橙色，绿色，荧光色，层次版画，清晰的笔触，肌理感，扎染，常玉，山水，一条中国龙

6.民间艺术风格的龙

　　采用民间艺术风格来描绘龙的形象，可通过传统的手工艺技巧和本土化的艺术表达方式，展现出独特的文化韵味和视觉风格。使用鲜艳的色彩和装饰性强的图案来呈现龙的细节和特征，如蜿蜒的身体和云纹。这种风格的龙不仅体现了民间艺术的温馨和亲民感，还蕴含了深厚的地域文化特色和历史传统，激发观者对传统民间故事和信仰的兴趣与联想（图6-9）。

图6-9　民间艺术风格的龙

　　肌理磨砂，肌理感，ASCII 艺术，粉红色，红色，金色，粉色，白色，黑色，鲜艳的颜色，中式龙，中国龙，身上带着纹路，平面海报，扁平风，阳光折射出靓丽的色彩，大面积留白，禅宗，极端视角，高级构图，巴洛克风格，克林姆特，细碎螺钿拼接

7.简笔插画风格的龙

采用简笔插画风格来表现龙的形象，通过流畅简洁的线条和明快的色彩，创造出一种轻松愉悦的视觉体验。龙的形态以简化的线条呈现，强调直观的图形感和动态感。色彩选择上，使用饱和度高的明亮色调可使整个画面充满活力和趣味性。这种风格的作品旨在通过现代感强的视觉语言，呈现龙的传统象征意义，同时也易于被现代观众接受和喜爱，适合用于各种媒体和商业插画场景（图6-10）。

图6-10　简笔插画风格的龙

大面积红色干净背景，中国龙，丰富的颜色，粉色，海报构图，高质量，简笔画，波点元素，32K，童趣绘本，一条中国龙在飞，极简构图，草间弥生，artistic ink

8.绘本风格的龙

绘本风格的龙作品通过温暖而柔和的色调与圆润可爱的设计，营造出一种亲切和童趣的视觉体验。龙的形象被呈现为温馨友好的角色，具有大大的眼睛和微笑的表情，体现出亲近和善的特质。这种风格的龙不仅吸引儿童的注意，也能够激发他们的想象力和创造力，非常适合用于儿童绘本或动画中，表现龙的神奇与友好（图6-11）。

图6-11　绘本风格的龙

　　大面积红色干净背景，中国龙，头部特写，粉色，红色，黄色，绿色，海报构图，高质量，简笔画，大块面，32K，童趣绘本，新工笔，星汉灿烂

9.鎏金艺术风格的龙

　　在鎏金艺术风格的龙作品中，龙的形象通过金色的精细线条和闪耀的金属质感被精致地呈现出来，展示出皇家与神圣的气息。这种风格的龙通常具有复杂的装饰性纹饰，以增强视觉的豪华感。画面背景可以采用撞色，以突出金色龙的绚丽和光辉。这种艺术风格的龙不仅是视觉上的盛宴，还象征着力量、财富和好运，非常适合用作高端装饰艺术或重要文化场合的展示（图6-12）。

图6-12　鎏金艺术风格的龙

岩彩版绘，颜色曲线，黄永玉，吴冠中，一条粉色的中国龙，可爱的，丰富的颜色，超多细节，金箔银箔，鎏金，粉色，绿色，红色，紫色

负向咒语：多爪子，多尾巴，多头，不协调，丑的

⬤ 自然与生命的探索与表达

1.繁花似锦：花卉艺术的无限魅力

（1）运用岩彩板绘：在探索与表达自然与生命的主题下，运用岩彩板绘来创作花卉艺术可以极大地增强画面的视觉效果和艺术深度，非常适合表现花卉的自然美和细致复杂的层次。在使用岩彩板绘来描绘花卉时，可以利用岩彩的厚重感和特殊质感来增强花瓣的立体感和光影效果，使每朵花都显得生动而饱满。整体作品将呈现一种繁花似锦的豪华感，充分展现花卉艺术的无限魅力（图6-13）。

（2）水墨工笔兰花：新工笔的细腻描绘与陈家泠风格的水墨意境相结合，可以创作出既有现代艺术感又不失传统东方美学的花卉画作。这种结合不仅展示了花卉的外在美丽，更深入地探讨了生命的意义，展现出兰花的独特气质自然生命的无限魅力（图6-14）。

图6-13 运用岩彩板绘表现花卉

岩彩板绘，中式插花，亮绿色的背景，紫色的鲜花，鲜花从左边探出，桌子垂落精致的蕾丝布

图6-14 水墨工笔兰花

新工笔，陈家泠，兰花，幽静，素雅

（3）刺绣兰花：首先，运用陈家泠的水墨画风格，使用流畅而自然的笔触描绘兰花的轮廓和枝干，体现出兰花的生命力和优雅姿态。其次，结合肌理磨砂的效果，为画面添加微妙的纹理效果，增强兰花花瓣的质感，使整幅作品具有更强的视觉深度和触感。最后，采用刺绣技艺在关键部分如花瓣和叶片上添加细致的线条和色彩，为兰花带来立体感和细节上的精美展现。这种多风格融合的创作手法赋予了兰花传统的东方美感（图6-15）。

（4）运用肌理磨砂：想象一幅描绘阳光洒在卧室窗台的一束花上的画面，采用肌理磨砂效果来增加视觉深度和质感。在这幅作品中，温暖的阳光透过半开的窗户，形成光线的斑驳与渗透，照亮花朵的细节。肌理磨砂效果可以模拟阳光被玻璃窗过滤后的柔和质感，为画面添加细腻的光影变化和朦胧美。花朵色彩鲜艳而自然，与柔和的背景形成对比,突出其生命力(图6-16)。

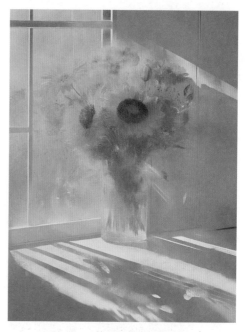

图6-15　刺绣兰花

图6-16　运用肌理磨砂表现花卉

陈家泠,肌理磨砂,刺绣,极简主义,大面积留白,兰花,鎏金,完美构图,霁青,金色,深色背景,极简

肌理磨砂,清晨的阳光洒在卧室窗台的一束花上,美丽的花,小清新风格,撒光,流光溢彩,发光粒子,丁达尔效应,真实的光影艺术,辛烷值渲染,海报构图,32K,温暖的阳光,清透的光,生机勃勃的花

(5)融合多种效果:想象一幅由纱幔制成的花的艺术作品,融合"炫彩光影""肌理磨砂""新工笔"和"星汉灿烂"四种不同的视觉效果。在这幅画中,纱幔的轻盈透明质感与炫彩光影的强烈色彩对比形成鲜明的视觉冲击;肌理磨砂技术增加了纱幔花朵的质感和深度,使之更加立体和触感丰富。新工笔则用于精细描绘纱幔的细节和纹理。最后,采用星汉灿烂的效果,通过微妙的光影处理和色彩渐变,创造出梦幻般的背景,让整个作品呈现出一种浪漫、优雅而又具有现代感的美学氛围(图6-17)。

(6)超现实杜鹃花:采用"三维古风"风格效果,构想一枝由精致的玻璃制成的杜鹃花,每朵花都散发出微妙的光芒,仿佛是古代神话中的灵花。画面结合了现代的三维建模与传统的中国元素,形成一种既现代又古典的视觉效果,赋予了玻璃杜鹃花一种超现实的美感，创造出一个充满想象力和视觉冲击力的艺术空间（图6-18）。

图6-17 融合多种效果的纱幔花朵　　　　　　图6-18 超现实杜鹃花

炫彩光影，肌理磨砂，新工笔，星汉灿烂，一朵由纱幔做的花，纱幔堆叠，层层叠叠，芍药花，X射线，透明花朵，玻璃花，漫天光点，阳光斜射，透明纸，折叠花，优美的线条，光线描边，生物发光

三维古风，一个异想天开的场景，由玻璃制成的杜鹃花悬浮在空中，玻璃制成的叶子，玻璃质感，透明，半透明，超现实主义，细节丰富，玻璃制成的花蕊，玻璃制成的花苞，半透明的花瓣在阳光下闪闪发光，阳光，营造出迷人的氛围，高分辨率，完美的构图，近景特写，微距镜头

（7）黄金山茶花：结合"岩彩板绘"和"浓郁漆画"风格效果，创作一幅山茶花作品。利用岩彩板绘的自然质感和色彩丰富性，精细地描绘山茶花的细节和层次，突出其自然美感，同时加入浓郁漆画效果，增添黄金山茶花光泽感和视觉深度，尤其是在花朵阴影和颜色深处的处理，整体增强画面的立体感和艺术张力（图6-19）。

（8）简约百合：创作一幅百合花的艺术作品，尝试不加入风格词，着重表现其优雅与纯洁的象征意义。画中百合花将以其鲜明的白色和细长的花瓣为主体，背景使用柔和的白色调来突出百合的纯净感。通过细致的笔触捕捉花朵上露珠的晶莹和花瓣的柔软质感，增强视觉上的真实感和触感。整个构图简洁而优雅，使用自然光线来营造一种清新脱俗的氛围，让画面不仅是视觉的享受，还能引人深思百合花所代表的美好与纯洁（图6-20）。

图6-19 黄金山茶花

岩彩板绘，浓郁漆画，山茶花，红色花瓣，花蕊为白色珍珠，花蕊金黄色，丝绸质感，微立体展现，微光透亮，轻薄

图6-20 简约百合

X射线，布制成的百合花，透光，梦幻打光，白色背景，景深四周模糊强烈对比色，震撼，32K，大师之作，杰作，最佳质量，最高画质，高分辨率，精细的细节，精致的渲染，惊人的，电影灯光，锐利焦点，极高质量

（9）流体油画百合：结合"流体油画"和"吴冠中油画"的风格效果，创作一幅绿色调的百合花作品。使用流体油画的效果来表现百合花瓣的流动性和生动性，让颜色自然地在画布上扩散，形成自然而富有动感的效果。同时借鉴吴冠中油画风格，强调简洁而富有表现力的线条，特别是在处理绿色调的背景和花朵的层次上。通过这种方式，不仅能展现百合花的优雅和生机，还赋予整幅作品一种现代和抽象的美感（图6-21）。

（10）螺钿向日葵：用"肌理磨砂"效果创作一幅彩色银箔的向日葵的画作，通过独特的视觉纹理增强向日葵的光彩和细节。在这幅作品中，向日葵的花瓣采用彩色银箔材质，通过肌理磨砂效果来增加花瓣表面的细腻感和层次感，银箔的反光效果也更加柔和而富有艺术感。这样的创作不仅展现了向日葵的生动与活泼，也为传统花卉画带来了现代感和创新视角（图6-22）。

图6-21 流体油画百合　　　　　　　　　图6-22 螺钿向日葵

流体油画，吴冠中油画，克林姆特，空灵的极简主义，视觉冲击力，荧光色，百合花，超多细节，超高质量，大面积白色，黄绿色点缀，金箔点缀，鎏金

肌理磨砂，一朵向日葵，蓝色叶子，螺钿细碎拼接，彩色背景，朦胧，玻璃质感，半透明，丰富的颜色，粉色背景，银箔

（11）中式拼贴插花：使用扁平插画的简洁线条和鲜明的色块来构建花卉的基本形态，强调视觉上的清晰与直观，这种风格特别适合表现花卉的图案化和装饰性，再运用岩彩板绘的自然石材颜料，为画面添加独特的质感和深厚的色彩层次，增强花卉的自然美和中式审美趣味（图6-23）。

2.四季轮回：自然山水的时光之旅

（1）清澈仙境：结合"意境水墨"和"陈家泠"的风格，创作一幅水蓝色调的山水画。在这幅作品中，运用陈家泠风格的水墨，以水蓝色作为主要色调，表现山峦的层次与水面的流动。通过意境水墨的风格，加强画面的抽象感和艺术性，使山水不仅是自然的再现，还是情感与哲思的表达（图6-24）。

图6-23 中式拼贴插花

扁平插画，岩彩板绘，中式插花，拼贴，多彩的鲜花，鲜花从左边探出，精致的花瓶，中式风格，海报构图

图6-24 清澈仙境

意境水墨，陈家泠，平面，抽象画，克林姆特，青绿色和水蓝色，亭子，孤舟，远山，树，湖，禅意山水，现代，景观，阆川，草间弥生风格，小圆点，小波点，丰富的细节

（2）禅意流云：融合"意境水墨"和"陈家泠"的绘画技法，创作一幅描绘中式建筑与禅意山水的画作。本作品以柔和的水墨色彩表达山水之间的和谐与静谧，中式古建筑巧妙地置于山水之间，与周围的自然景观完美融合，营造出一种宁静而深远的禅意氛围。陈家泠的水墨技巧将用于精确捕捉云雾缭绕的山峰和流水的细腻感觉，同时加入一些现代抽象的元素，增强画面的视觉冲击力和艺术表达深度。整个作品旨在通过传统与现代的结合，探索自然与人文的和谐共处，引领观者感受深层的宁静与禅意（图6-25）。

（3）简约山水：用"吴冠中油画"风格结合极简主义，创作一幅大型景观画。这幅作品将以极简的风格和色彩来表达广阔的山水美景，通过减少细节的描绘，强调形式的纯粹和空间的开阔感。吴冠中油画的风格中融合了中国传统水墨的灵动与西方油画的深邃，通过简约的构图与大胆的色彩块面，展示一幅现代感十足的抽象山水画（图6-26）。

图6-25 禅意流云

意境水墨，陈家泠，张克纯，平面，抽象画，克林姆特，粉黛，水蓝色，概括，柔软边缘，远山，树，湖，中式建筑，禅意山水，现代，景观，阅川，陈家泠，江南，徽派建筑，平面，空灵，超级广角，大面积留白

图6-26 简约山水

吴冠中油画，空灵的极简主义，视觉冲击力，荧光，物体发光，大面积留白，黄色，绿色，大景观

（4）春意盎然：运用"朱德群"的抽象表现主义风格与"扁平插画"的简洁线条和色块，创作一幅绿色春天的主题插画。这幅作品将使用鲜明且生动的绿色调来捕捉春天的活力和生机，通过扁平化的视觉手法简化自然元素的形态，如嫩叶和草地。朱德群的抽象手法将用于表现春风的动感和春光的变化，通过不规则的色彩斑块和动态的笔触加入一种富有节奏感和生命力。整幅画作通过色彩和形式的简化，传达出春天的清新和充满希望（图6-27）。

（5）春日梯田亭：结合"线条插画""新工笔""陈家泠"和"刺绣"风格，创作一幅表现春日梯田与亭台的中式美学插画。这幅作品将通过细腻的线条插画来勾勒梯田的层层叠叠和亭台的精巧结构，利用新工笔增添色彩的细节和层次，陈家泠的水墨风格将用于背景的渲染，营造一种空灵而深远的意境。最后，用刺绣效果在关键视觉焦点处增加纹理和立体感，如亭台的屋顶和梯田，使整个画面既具传统韵味又不失现代审美，完美地展现春日梯田的宁静与美丽（图6-28）。

图6-27　春意盎然

朱德群，扁平插画，白色的树在树木丛中，水面倒影，房屋上长满了绿色的草，房边站着一个飘散头发的女孩，摇曳的树木，阳光，远处的森林，雪天，詹姆斯·特瑞尔，超多细节，细碎螺钿拼接

图6-28　春日梯田亭

线条插画，新工笔，陈家泠，刺绣，春天的梯田，清晨，薄雾，流动的线条，清晰的轮廓，小小的古建，亭台，苏绣，极简主义，绿意，绿白灰黑调，大面积留白

（6）岩色森林神话：用"岩彩板绘"效果创作一幅描绘天空、树林与动物的幻想画作。这幅作品将通过岩彩的独特质感和丰富的自然色彩，表现一个充满神秘感的奇幻的自然世界。整个画面将通过岩彩的天然纹理和色泽，营造一种原始而宁静的森林氛围，使观者仿佛置身于一个未被破坏的自然神话之中（图6-29）。

（7）闪耀山水：融合"色块插画""常玉"效果的油画、"陈家泠"效果的水墨表现，创作一幅使用金箔、银箔和鎏金效果的山水画。通过现代抽象艺术的视角重新诠释传统的山水主题。使用色块插画的简洁直观风格构建基本的山水形态，结合常玉的细腻油画技法和陈家泠的流动水墨风格，营造出深远和层次丰富的自然景观。画中的山体和水面将用金箔和银箔来表达，提供闪耀而奢华的视觉效果，而鎏金技术则用于高光部分和细节装饰，增添画作的神秘感和艺术价值（图6-30）。

图6-29 岩色森林神话

　　岩彩板绘，肌理，渐变，柔和月光，冷色调，涂抹，天空树林，动物，插画，野兽派动画，平面拼贴，岩彩，油画，蓝绿色和白色

图6-30 闪耀山水

　　色块插画，常玉，陈家泠，金箔银箔，鎏金，鎏银，Brandon Mably，草间弥生风格，点线面结合，构成感，空灵，孤寂，平视角，色块插画，黄色，橙色，绿色，荧光色，层次版画，清晰的笔触，肌理感，山水，山峰

　　（8）穿越山水的列车·叶脉之旅：结合"陈家泠"的水墨表现力、"岩彩板绘"的自然质感以及"水墨意境"的效果，创作一幅描绘巨大植物叶脉与中国山水融合的抽象画面，以火车穿梭其间作为视觉焦点。作品通过巨大的叶脉结构象征自然的脉络，与细腻描绘的山水背景相融合，展现一种和谐共生的意象。叶脉的纹理和山水的线条在视觉上相互呼应，通过岩彩的厚重感和水墨的流动性增强画面的深度和层次感。火车在这片抽象的自然中穿行，象征着人类与自然的互动（图6-31）。

　　（9）遗世独钓·荒岛之梦：采用"暗黑魔幻""色块插画""肌理磨砂"和"浓郁漆画"这四种艺术风格，创作一幅描述一位垂钓者在荒岛附近破旧的船只上孤独垂钓的场景。画面以暗黑魔幻的风格展现荒岛的神秘与阴郁，用色块插画效果简化形状，强调色彩的对比和构图的直观性。通过肌理磨砂技术赋予画面一种粗糙的纹理感，增强场景的陈旧感和风化的视觉效果，而浓郁漆画技术则用于突出水面的光泽和水体的深邃，侧面烘托钓鱼者的孤独感。整幅画作将构建一种超现实的视觉氛围，让观者感受到时间的停滞和角色与环境间的紧张关系，探索自然与人类孤独状态的内在联系（图6-32）。

图6-31　穿越山水的列车 · 叶脉之旅

图6-32　遗世独钓 · 荒岛之梦

陈家泠，岩彩板绘，水墨意境，方力钧的风格，一片巨大植物的叶脉和中国山水融合的抽象特写，中式建筑，火车，轨道，中式风格，X射线，透视图，精致的特征，粉色与黑，喷溅，大面积留白，荒诞的构图，中国传统风格，禅宗，空灵，极简主义，构成主义，精确，详细的建筑图纸，超逼真的细节，超高清，大小对比，远景对比，虚实，插图风格，奇幻自然景观，生物学发光，水晶发光，梦幻，轻烟，朦胧，水晶玻璃，亚克力，绝美光影

暗黑魔幻，色块插画，肌理磨砂，浓郁漆画，丰富的岩石，一个在船上钓鱼的人，破旧的，荒岛，海洋，海浪，礁石，侧面视角，赛博朋克，禅意，大面积留白

（10）剪影梦航 · 水城幻想：结合"吴昌文"水彩风格与剪纸艺术，创作一幅展示梦幻主义风格的画作。这幅作品将利用吴昌文的细腻水彩技法描绘背景中的水面和天空，展现出流动的水纹和渐变的天空色彩。剪纸部分则用于构造船只和建筑的轮廓，通过精准剪裁黑色或深色的纸张，形成鲜明的剪影效果，与梦幻的水彩背景形成强烈对比（图6-33）。

图6-33 剪影梦航·水城幻想

吴昌文，剪纸，美景，航拍，梦幻主义，极简主义，未来主义，全息打印，剪纸，剪影，神话般的，暖色调的光，紫色调，黄色，荧光，梦里水乡，天宫，蜿蜒的河流，生物发光，紫罗兰色，树，船

3. 动物王国：野性与和谐的视觉诗

（1）朦胧彩铅下的猫咪：结合"朦胧彩铅"和"色块插画"效果，创作一幅描绘几只黑色猫咪的艺术画作。利用朦胧彩铅效果在画面上创建一种柔和而神秘的氛围，彩铅的细腻渐变和淡化效果能够完美表现猫咪的优雅和神秘感，同时为整个画面带来梦幻般的质感（图6-34）。

（2）梦幻粉霞·螺钿虎趣：将"肌理磨砂""新工笔"和"暗黑魔幻"风格融合，创作一幅以粉色调为主的可爱老虎画作，采用细碎螺钿拼接并辅以闪粉点缀。作品以新工笔技法细致描绘老虎的可爱面容和细腻的毛皮纹理，展现其活泼而温柔的一面。肌理磨砂效果用于背景，为画面添加了一种粗糙的纹理感，营造出深邃而丰富的视觉效果，暗黑魔幻元素体现在神秘的氛围中（图6-35）。

图6-34 朦胧彩铅下的猫咪

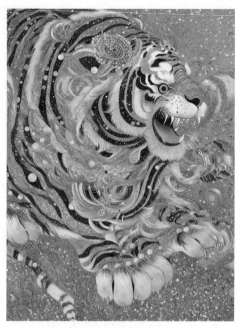

图6-35 梦幻粉霞·螺钿虎趣

朦胧彩铅，色块插画，黑色方块形状的猫咪，抽象，大猫咪带着几个小猫宝宝，特写，几何主义，可爱猫，扁平插画，白色背景，完美构图，极简主义，刘野，治愈系插画，朦胧，便扁平风格，海报构图，特写，超细腻的线条感，梦境中出现的场景，荧光，超梦幻风格，超高清画质，绝佳光影，留白

一只巨大的可爱的老虎，细碎螺钿拼接，配闪粉，闪光粉色粒子，色彩插画，色块插画，荧光色，粉色黑色金色点缀，点彩Pointillism，肌理磨砂，新工笔，暗黑魔幻

负向咒语：错误的身体，多余的猫，多余的身体

（3）春枝喜鹊：结合"宋徽宗"与"新工笔"的效果，创作一幅描绘喜鹊站在盛开的樱花树上的画作。作品将采用宋徽宗的精致线条和布局，表现喜鹊的轻盈与樱花的繁华；新工笔可以增加色彩的饱和度和层次感，使樱花的粉红更加生动，喜鹊的羽毛细节更加清晰（图6-36）。

（4）无畏的梦想·海填之试：结合"黄永玉"的生动表现和"新工笔"的精细笔触，创作一幅小鸟试图用石头和树枝填满大海的寓意画作。本作品通过黄永玉风格的活泼线条和明亮的色彩来表现小鸟，同时利用新工笔的技术精细描绘小鸟、石头、树枝和大海的多处细节（图6-37）。

图6-36　春枝喜鹊

宋徽宗，新工笔，喜鹊站在樱花树上，粉红色的花瓣，春天的气息，高清，色彩鲜艳

图6-37　无畏的梦想·海填之试

黄永玉，新工笔，一只小鸟试图用石头和树枝填满大海，克林姆特，高级构图

（5）加菲猫的日常：结合"岩彩板绘"的自然质感、"新工笔"的细致描绘，以及"浓郁漆画"的深邃光泽，创作一幅加菲猫的插画。使用岩彩板绘的效果来描绘背景的自然元素，如花卉和闪粉，增加画面的生动感和层次。新工笔将用来精细描绘加菲猫的毛发纹理和表情的细节，捕捉它的慵懒与满足感（图6-38）。

（6）星空下的守望者：用"铅笔彩绘"和"新工笔"风格，创作一幅梦幻星空背景下的巨大白色猫咪插画。这幅作品中的白猫坐落于宽广的星空之下，其蓝色的眼睛反射着星光，显得神秘而深邃。使用铅笔彩绘技术细致地描绘猫咪的细毛纹理和温柔的表情，同时，新工笔技法将用来加强色彩的层次感和细节的丰富性，特别是用在处理猫咪的白色毛发和柔和的身体轮廓（图6-39）。

（7）粉霞腾马：结合"磨砂质感"和"岩彩板绘"风格效果，创作一幅以粉色调为主的万马奔腾插画。这幅作品将展示一群马儿在粉红色的天空下奔跑的壮观场景，通过磨砂质感增加画面的纹理和触感，岩彩板绘的使用则让画面色彩更为鲜明且层次分明，尤其适合表现马群动感的肌肉线条和飞扬的鬃毛（图6-40）。

（8）梦幻牧场：采用"扁平插画"风格，创作一幅描绘甜美浪漫的牧场的画作。这幅作品中的牛被设计为奶牛的形象，融入鲜花、树叶的装饰，展现出一种童话般的美感。背景采用柔和的色彩梯度，以粉色、黄色和绿色为主，增强画面的浪漫气氛。整幅画作的构图简洁明快，通过扁平化的形式和鲜明的色块创造出强烈的视觉冲击力（图6-41）。

图6-38 加菲猫的日常

岩彩板绘，新工笔，浓郁漆画，插画，扁平风，甜美浪漫，线构，绿色，细碎螺钿拼接，一只加菲猫穿着衣服，配闪粉，漆画，油画质感，九歌，幽州，浮生，落苏，灵犀，甜美浪漫

图6-39 星空下的守望者

铅笔彩绘，新工笔，一只巨大的白色猫咪，可爱的眼神，梦幻星空，特写，天马行空的想象，极简，插画

图6-40 粉霞腾马

磨砂质感，岩彩板绘，万马奔腾，粉色调子，黑色的马在奔跑，版画，浪漫，广视角，大场景，浪漫颜色

图6-41 梦幻牧场

扁平插画，插画，扁平风，甜美浪漫，线构，一头牛，甜美浪漫，五彩斑斓

三 人物特写的探索与表达

1. 女子特写

（1）翠梧听风·古装少女肖像：结合"豆蔻少女"的清新少女感、"水墨人像"的传统水墨韵味、"新工笔"的细腻表现以及"陈佳泠"的水墨艺术风格，创作一幅古装少女的肖像画。作品将展现一位身着华丽古装的少女，她的姿态优雅，面容带有淡淡的忧郁，仿佛在静听风中梧桐叶的轻摆（图6-42）。

（2）芳华绝代·汉服之韵：结合"中式少女"风格与"新工笔"风格，创作一幅描绘中国汉服女孩的肖像画。新工笔效果用于精细描绘女孩的服饰纹理，如细腻的刺绣、流畅的丝带和精致的饰品，展示汉服的华丽与复杂性。通过中式少女风格，画面着重表达女孩的温婉与雅致，面部特征柔和，眼神中透露着淡淡的忧郁与憧憬（图6-43）。

图6-42 翠梧听风·古装少女肖像

豆蔻少女，水墨人像，新工笔，陈家泠，公主，漫画大眼睛，故事感，艳丽，古代盘发，浓密黑发，高清晰度，正确比例，比例协调，完美构图

图6-43 芳华绝代·汉服之韵

中式少女，新工笔，Hikari Shimoda，插画，梦幻的，中国女孩，汉服，精美的发饰，含羞，头像

（3）剑魂长歌：用"武侠漫画"风格，创作一幅国风武侠肖像，展现一位武侠女英雄的威武与飒爽英姿。使用武侠漫画的典型元素，如动感的线条、夸张的动作、利落的服饰和富有表现力的面部特征，增强角色的戏剧性和视觉冲击力（图6-44）。

（4）翠屏淑影：结合"古画人像"的经典艺术表现、"新工笔"的精细描绘技巧和"中式少女"的温婉气质，创作一幅古典美女肖像。使用新工笔技法精致地表现服饰的丝质质感和细腻的花纹，特别是在服饰的层次和饰品的细节上下足工夫，展现出服装的华美和历史文化的深度。背景以古画人像的风格简化处理，使用纯色背景，营造一种清雅脱俗的艺术氛围。中式少女的特点体现在美女的温柔与内敛的气质上，通过她的眼神和微妙的面部表情传达她的内心世界和品格（图6-45）。

图6-44　剑魂长歌　　　　　　　　　　　图6-45　翠屏淑影

武侠漫画，深色背景，强光，下边一个人物，超细腻的线条感，梦境中出现的场景，荧光，超梦幻风格，超高清画质，华丽，绝佳光影，留白

古画人像，新工笔，中式少女，满满的花香，红豆色的衣服，精致的发髻，珠翠环绕，古典庄重

（5）梦境之花·豆蔻年华：融合"动漫"和"日本漫画"的视觉风格，再结合超现实梦境的艺术手法，创作一幅展示绝美豆蔻少女肖像的插画。作品中的少女被描绘在一片梦幻般的花海中，周围花瓣巨大且颜色鲜艳，如同超现实世界的一部分，

强烈的颜色对比和不符合现实的比例关系营造出一种梦境般的氛围（图6-46）。

图6-46　梦境之花·豆蔻年华

动漫，日本漫画，超现实梦境，一个绝美的豆蔻少女肖像，瞳孔五彩色晶莹
剔透，立体，皮肤白皙透亮质感，特写，黑色头发，短发，头发蓬松卷曲，发丝描
绘细腻，脸部描绘精致细腻，白色极透薄的纱，清晰细节描绘，大师杰作，高清渲
染，极繁主义，电影构图，32K高清

（6）古风之韵·三维华裳：运用"三维古风"，创作一位穿戴华丽汉服衣饰的三
维人物，展示传统中国服饰的精美与现代三维艺术的结合。三维模型将展现人物在
自然环境中的姿态，逼真的人物形象具有很强的吸引力（图6-47）。

图6-47 古风之韵·三维华裳

三维古风，高清摄影，人物，白色半透明汉服，五官精致，肤白貌美，博物馆级杰作，高分辨率，精致细节，精致的渲染，惊人的，灯光追逐，电影灯光，动态姿势，极为细致的细节，Hajime Sorayama，直拍角度，浅景深

（7）龙吟凤舞·金绣之梦：结合"岩彩板绘"和"颜色曲线"技术，创作一幅描绘身穿华丽古装的女孩与其背后金色神龙的画作。使用岩彩板绘风格精细地描绘女孩的古装和神龙的每一片鳞片，增加画面的质感和层次。神龙则以流动的线条和绚丽的金色展现，身体盘绕在女孩的身后，带有威严而神圣的气质。利用颜色曲线调整整体画面的光线和色彩对比，增强金色的光泽感和深度。背景采用简化的风格，用淡化的山水和云雾来衬托主题，不抢主体的风头，但增添意境（图6-48）。

图6-48　龙吟凤舞·金绣之梦

　　一个身穿古装的女孩，一条神龙，细腻人像，禅意，梦幻，简约，电影质感，金色，岩彩版绘，颜色曲线

2. 男子特写

　　（1）墨染星辰·古风美男子：运用"肌理磨砂"为人物皮肤和服装添加细腻的纹理感，营造出一种柔和而逼真的观感。"炫彩光影"用于处理背景的光线和色彩，使星空闪烁而神秘，增强视觉冲击力。"三维古风"将实现人物模型的精确建模和细节雕琢，

确保服饰的层次明晰。最后，将"古风浪漫"风格融入整体设计，通过柔和的色调和梦幻的景象，强调人物的浪漫气质和深沉的情感表达（图6-49）。

（2）水墨美男子：融合"水墨人像""肌理磨砂"和"豆蔻少女"风格的柔和特点，创作一幅古风水墨美男子的画作。通过水墨人像效果，利用流畅而富有层次的墨色勾勒出男子的轮廓和服饰，表现其温文尔雅的气质。使用肌理磨砂效果为画面添加一种细腻的纹理感。结合豆蔻少女的风格特点，赋予画面一种青春的清新与梦幻感，同时营造出一种诗意盎然的江南水乡氛围（图6-50）。

图6-49　墨染星辰·古风美男子

肌理磨砂，炫彩光影，三维古风，古风浪漫，红色衣服，背景炫黑，面纱，长头发，通透感，神采飞扬，完美构图，豆蔻少男，年轻男子，帅气逼人，神界，人物逼真，景深，32K，超高清，海报视觉，大师完美构图

图6-50　水墨美男子

水墨人像，肌理磨砂，豆蔻少女，帅气的少侠一脸不屑的表情，线描插画

（3）赛博朋克机甲人：运用"暗夜微光"风格，创作一幅赛博朋克风格的男子形象，展现未来都市的边缘人物。这幅作品描绘了一个在霓虹照耀下的城市中，身着典型赛博朋克风格服装的男子。他的形象带有未来科技元素，如电子下颌和机械臂，表现出赛博朋克世界中的科技感。暗夜微光风格使整幅画面处在较暗的背景中，通过少量明亮的光源如霓虹灯和LED显示屏突出人物的轮廓和细节（图6-51）。

图6-51 赛博朋克机甲人

暗夜微光，涂鸦，色彩方块，色彩饱和度高，大色块，CG，赛博朋克，全身像，美男，铠甲服装，长睫毛，异瞳，腮红，冷艳脸，精致的眼妆，白色发色，机械材质服饰，机械臂，酷炫，五官精致，肤白貌美，长发卷毛，色块，直拍角度，浅景深，逆光，清晰的焦点，意境，诗意，明亮色彩，强烈的对比，背景留白，极简风，完美身体比例